本书由安徽省高校优秀青年人才支持计划重点项目（编号：gxyqZD2018105）、安徽省高校自然科学研究重点项目（编号：KJ2018A0946、KJ2016A697、KJ2016A698）和安徽省高校省级质量工程项目"省级教学团队"（编号：2017jxtd137）资助出版

GONGLÜ KAIGUAN QIJIAN SUNHAO
HE BIANPIN TIAOSU XITONG
GUZHANG ZHENDUAN YANJIU

功率开关器件损耗
和变频调速系统故障诊断研究

夏兴国　著

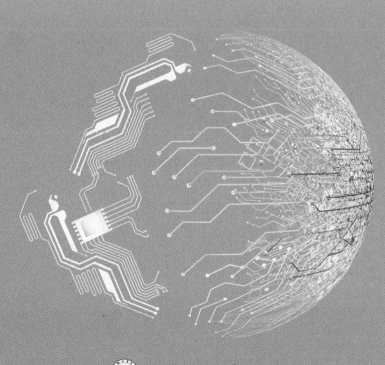

合肥工业大学出版社

内容摘要

本书全面介绍了功率开关器件功率损耗的定义及计算公式,以绝缘栅双极型晶体管(Insulated Gate Bipolar Transistor,IGBT)为研究对象进行损耗建模分析和研究。通过设定几种与损耗相关的主要影响因素的不同取值,仿真各种开通与关断波形,验证了影响因素与器件开关损耗的关系。设计了斩波电路作为器件损耗测试的实验平台进行测试,验证器件损耗功率值,对影响损耗的相关因素进行分析。同时,建立变频调速系统的仿真模型进行仿真,并提取了逆变部分故障信号的输出电压信号。再基于快速傅里叶变换(Fast Fourier Transform,FFT)进行谱分析,提出频谱差概念,得到了故障情况下电压的幅值和相角特征信息,并以此作为故障诊断的依据,提出一种故障诊断决策逻辑,在此逻辑下通过具体实验平台可有效确定故障性质及逆变器故障桥臂位置,从而减少故障维修时间,并为下一步处理提供依据。最后,提出一些系统容错性控制策略作为参考。本书可作为电源、变频调速等电力电子技术设计和应用工程技术人员的参考用书,也可以作为高等院校电气工程相关专业的参考用书。

图书在版编目(CIP)数据

功率开关器件损耗和变频调速系统故障诊断研究/夏兴国著 . —合肥:合肥工业大学出版社,2019.10

ISBN 978 - 7 - 5650 - 4640 - 7

Ⅰ.①功… Ⅱ.①夏… Ⅲ.①开关损耗—研究②变频器—变频调速—故障诊断—研究 Ⅳ.①TM56②TN773

中国版本图书馆 CIP 数据核字(2019)第 198881 号

功率开关器件损耗和变频调速系统故障诊断研究

夏兴国 著　　　　　　　　　责任编辑　张择瑞　汪　钵

出　版	合肥工业大学出版社	版　次	2019 年 10 月第 1 版
地　址	合肥市屯溪路 193 号	印　次	2019 年 10 月第 1 次印刷
邮　编	230009	开　本	710 毫米×1010 毫米　1/16
电　话	理工编辑部:0551 - 62903204	印　张	9.25
	市场营销部:0551 - 62903198	字　数	169 千字
网　址	www.hfutpress.com.cn	印　刷	合肥现代印务有限公司
E-mail	hfutpress@163.com	发　行	全国新华书店

ISBN 978 - 7 - 5650 - 4640 - 7　　　　　　　　　定价:32.00 元

如果有影响阅读的印装质量问题,请与出版社市场营销部联系调换。

前　言

　　本书本着使读者全面了解功率开关器件开关损耗的定义、计算公式，影响开关损耗的因素，变频调速系统的故障检测和诊断方法，系统发生故障时的容错性控制策略等问题的宗旨，通过仿真和搭建具体实验平台验证所提出理论的可行性。

　　本书共分为8章，内容安排如下：

　　第1章是绪论。基于电力电子技术应用领域越来越重视功率变换装置中功率开关器件的功率损耗问题，介绍了功率开关器件损耗和变频调速系统故障诊断的意义，并介绍本书的研究内容。

　　第2章是功率开关器件特性及损耗计算的常用方法。简要叙述功率开关器件的发展、结构及工作原理，以绝缘栅双极型晶体管(Insulated Gate Bipolar Transistor,IGBT)为例，分析了其开通、关断特性和安全工作区，探讨了提高开关频率后的影响，并介绍了功率开关器件的损耗构成和计算等问题。

　　第3章是开关损耗的影响因素分析与仿真研究。首先介绍功率开关器件的研究现状，对器件损耗进行了多种建模并分析。对IGBT进行了开关损耗建模，提出了开关损耗的影响因素，选取母线电压、栅极控制电压、栅极电阻和集电极电流作为开关损耗主要影响因素的参考对象，随着影响因素取值的改变，在PSpice中仿真了IGBT在瞬间开通和关断过程中电压、电流的变化波形，对波形进行分析，以此来验证所选因素对器件开关损耗的影响。

　　第4章是开关损耗的测试与计算研究。提出了直接利用IGBT实时的工作电压和电流波形来计算其损耗的方法，根据影响因素的不同取值算出损耗后，通过大量的测试数据将器件损耗与其影响因素进行拟合，列出器件的损耗与影响因素之间的定量关系并做了一定的分析。通过搭建Buck斩波电路实验平台，验证了IGBT在变换装置高频工作下以开关损耗为主要损耗的计算研究。

第 5 章是故障诊断对象模型的研究。首先介绍故障诊断的研究现状、发展和电动机变频调速系统故障诊断技术。本书选择电压型变频器供电三相交流异步电动机变频调速系统为诊断研究的对象来构建故障诊断对象模型，用 MATLAB 对其进行建模和仿真，并将结果作为故障参数提取的依据。

第 6 章是故障特征信号分析、提取和诊断的逻辑判断流程。对三相变频调速系统故障工况和逆变器的故障模式进行了分析。介绍了故障特征信号的选择和获取方式，故障特征信号选择逆变输出电压，通过对频谱进行分析和处理，再利用不同故障状态下逆变输出信号的频谱与正常状态下的频谱相比较，并对其量化来作为诊断特征量，用以实现故障定位诊断。在 MATLAB 环境中对该系统在不同故障的不同输出情况进行了仿真，提取相关特征信号的波形（逆变器的输出电压波形），运用频谱残差的概念，利用傅里叶变换理论获得了逆变器驱动系统的故障特征，给出了一种简单的故障决策逻辑判断流程，实现了逆变器驱动系统的故障检测和诊断。

第 7 章是故障诊断实验验证。为进一步验证第 5、6 章所建立的逻辑判断结构的可行性和有效性，建立实际故障诊断系统，并对输出数据进行实测用以验证，用软、硬件来实现该逻辑判断故障诊断系统对实际逆变器系统进行故障诊断。本章详细介绍了系统平台的硬件搭建过程和控制软件流程。硬件和软件相配合对电路故障进行检测并处理，编程实现故障逻辑判断算法对故障进行诊断。

第 8 章是逆变器的容错控制策略研究。介绍容错控制技术的研究现状、容错三相四开关逆变器控制问题研究和逆变器故障容错控制技术。详细阐述了软件控制容错和硬件拓扑与软件相结合容错的内容，为解决变频调速电动机系统的故障提供了参考。

本书得到了作者主持或参与的教科研项目的支持，分别为安徽省高校优秀青年人才支持计划重点项目（编号：gxyqZD2018105）、安徽省高校自然科学研究重点项目（编号：KJ2018A0946、KJ2016A697、KJ2016A698）和安徽省省级质量工程项目"省级教学团队"（编号：2017jxtd137），本书为这几个项目的阶段性研究成果。书中参阅了很多国内外文献，在此，向有关专家和学者表示敬意。

由于作者学识能力有限，书中各章节的梳理和论述还不够深入、全面，难免存在不足和有待商榷之处，望专家和读者不吝赐教。

目　　录

第1章　绪论 …………………………………………………… （1）

　1.1　引言 ……………………………………………………… （1）

　1.2　研究意义 ……………………………………………… （4）

　1.3　研究内容 ……………………………………………… （5）

第2章　功率开关器件特性及损耗计算的常用方法 ……… （8）

　2.1　功率开关器件的发展简介 ………………………… （8）

　2.2　器件的结构及工作原理 …………………………… （9）

　2.3　IGBT 的特性分析 ………………………………… （10）

　2.4　安全工作区 …………………………………………… （12）

　2.5　提高开关频率后的影响 …………………………… （13）

　2.6　功率开关器件损耗的定义 ………………………… （14）

第3章　开关损耗的影响因素分析与仿真研究 …………… （17）

　3.1　开关损耗的研究现状 ……………………………… （17）

　3.2　损耗的建模分析 ……………………………………… （19）

　3.3　基于器件实验工作波形的损耗模型 …………… （27）

　3.4　测试原理的介绍 ……………………………………… （28）

　3.5　开关损耗的仿真建模 ……………………………… （30）

　3.6　仿真与结果讨论 ……………………………………… （32）

　3.7　本章小结 ……………………………………………… （39）

第4章　开关损耗的测试与计算研究 ……………………… （40）

　4.1　损耗测试的原理 ……………………………………… （40）

　4.2　测试装置的电路结构 ……………………………… （41）

4.3 控制电路设计及其软件实现 …………………………… (48)

4.4 Buck 电路的主要参数设计 …………………………… (51)

4.5 器件损耗功率的计算 …………………………………… (56)

4.6 器件功率损耗计算结果分析 …………………………… (64)

4.7 本章小结 ………………………………………………… (65)

第5章 故障诊断对象模型的研究 ……………………………… (67)

5.1 故障诊断研究现状 ……………………………………… (67)

5.2 故障诊断对象模型 ……………………………………… (73)

5.3 系统模型的建立及其仿真 ……………………………… (81)

5.4 本章小结 ………………………………………………… (88)

第6章 故障特征信号分析、处理和故障的逻辑诊断流程 …… (89)

6.1 三相变频调速系统的常见故障 ………………………… (89)

6.2 逆变器的故障模式及分析 ……………………………… (91)

6.3 故障特征信号的选择和获取方式 ……………………… (93)

6.4 故障信号处理 …………………………………………… (102)

6.5 故障的逻辑诊断流程 …………………………………… (111)

6.6 本章小结 ………………………………………………… (115)

第7章 故障诊断实验验证 ……………………………………… (116)

7.1 系统硬件总体结构 ……………………………………… (116)

7.2 变频器主电路及元件选择 ……………………………… (116)

7.3 控制电源系统的设计 …………………………………… (120)

7.4 控制软件流程 …………………………………………… (120)

7.5 实验系统故障诊断验证 ………………………………… (122)

7.6 本章小结 ………………………………………………… (126)

第8章 逆变器的容错控制策略研究 …………………………… (127)

8.1 容错控制技术的研究现状 ……………………………… (127)

8.2 变频器三相四开关控制问题研究 ……………………… (129)

8.3 逆变器故障容错控制技术 ……………………………… (130)

8.4 本章小结 ………………………………………………… (134)

参考文献 …………………………………………………………… (135)

第 1 章 绪 论

1.1 引言

功率开关器件是电力电子学的基础,是电力电子技术的核心。常规的功率开关器件如可控硅(Silicon Controlled Rectifier, SCR)、电力晶体管(Giant Transistor, GTR)、可关断晶闸管(Gate Turn-Off Thyristor, GTO)、金属-氧化物半导体场效应晶体管(Metal Oxide Semiconductor Field Effect Transistor, P-MOSFET)、绝缘栅双极型晶体管(Insulated Gate Bipolar Transistor, IGBT)、集成门级换流晶闸管(Integrated Gate Commutated Thyristor, IGCT)等早已广泛应用于各种工业的能量转换装置中,如传动系统、调速系统、开关电源等,并且各种应用领域对功率器件的容量及性能的要求也越来越高。所有的功率开关器件在实际应用中最应当关注的是器件功率损耗(包括器件的开关损耗、通态损耗等)和极限工作温度,这些对产品的结构设计、寿命预测以及适用场合的确定等都至关重要,故功率开关器件的功率损耗特别值得研究。

功率开关器件的损耗一般由通态损耗和开关损耗等组成,当其工作频率较高时,开关损耗将大大超过其通态损耗,成为主要损耗,故对器件的损耗研究的重点主要放在开关损耗上。

功率开关器件的损耗比较复杂,影响因素较多,功率开关器件的工作频率、导通电流、阻断电压、栅极电压、栅极驱动电路、吸收电路参数、电压变化率、电流变化率以及器件的结温等都会影响功率开关器件的损耗,且这些因素还互相影响,给功率损耗的研究工作带来了很大的困难。正是由于这些因素的作用,目前对于功率开关器件的损耗研究非常少,研究的方法也不多。

在功率开关器件的工作过程中,只要器件上的压降与流过其内部的电流两者的乘积不为零,器件就会产生损耗。开通和关断这两个过程也需要一定的时间,在这段时间里,电压、电流均不为零,会产生浪涌电流和尖峰电压,瞬时损耗功率较大,这是功率开关器件产生开关损耗的主要原因。可以这么理解开关损耗,在开通、关断过程中,功率开关器件两端的电压(或通过的电流)减小的同时,通过的电流(或两端电压)上升,形成了电压和电流波形的交叠,从而产生了开关损耗。

有损耗器件就会发热,器件发热严重时会影响其自身的安全工作,就会引起损坏,进而影响电路工作的可靠性。损耗的产生,不仅使器件发热,降低转换效率,而且会限制变换装置开关频率的提高。

因此,便引出了器件的安全工作区问题,即器件的工作电压、电流在什么范围内器件的运行是安全可靠的。器件的使用手册所给出的器件安全工作区,主要是针对器件在低频工况下工作而言的。现在,器件的使用要求开关频率做得很高,在高频率工作下,即使器件的工作电压和电流都在手册给定的安全区范围内,也未必能保证器件的工作是安全可靠的。

任何功率开关器件在工作时都不能超过其安全工作区,为了不超过安全工作区,需要加入吸收回路,把损耗从管子上转移到无源元件上,采用谐振及软开关技术,使工作过程中电压或电流有一项为零。那么,怎样判断吸收回路是否真的减少了开关管上的损耗?谐振电路是否确实工作在零电压(ZVS)或零电流(ZCS)状态?通过测量转换效率来判定,一是不直观,二是不够灵敏。另外,有时吸收回路的加入,并不一定能提高转换效率,反而会使其略为下降。

当然,在功率开关器件有关的技术手册中关于器件的损耗数据不是很多,而厂家一般只是提供特殊工况下的损耗参数或曲线,获得这些损耗的工况条件又非常的有限,这给用户在选择合适的器件设计实际应用系统时造成了困难。目前用户选取器件时一般都留有较大裕度,在一定程度上严重浪费了器件的应用潜能。

随着器件开关频率的提高和开关容量的增加,如何正确计算正常工作时器件的损耗和结温成为应用中的重要问题。电力电子应用系统的设计过程基本可以分成两个阶段,第一阶段设计系统主回路的拓扑结构以及相应的控制方式,第二阶段计算系统的损耗和相应的热特性。有关第二阶段,国内外研究不是很多,目前尚缺乏准的计算方法,通常是构造器件的物理模型,根据器件在实际应用系统中的电路拓扑结构,得到器件工作开关瞬间的电压和电流的波形,电压和电流的乘积就是损耗。器件内部的参数不易获得,使得现有的器件模型不能准确体现其半导体的物理特性。器件在开关过程中电压和电流是瞬时变化的,所以很难准确地计算出器件的开关损耗。

要想对损耗研究有所突破,先要准确地预测和计算出损耗的值,才能合理地选取散热装置和电路拓扑,增大功率装置的能量转换效率。可以通过合理地建立功率开关器件的损耗模型和选择合适的测试电路,通过仿真和实验得到准确的器件工作波形,主要选取开通、通态、关断的时间段,得到各自时间段的电流波形、电压波形,通过编程来计算出损耗的功率值。可以先从仿真的角度来实现这种方法,通过实验来验证仿真的准确度。根据实验结果,可以再通过各种优化过程、优化策略,尽量地减小器件以及整个功率装置的损耗。

功率开关器件的发展为交流调速系统的发展奠定了物质基础。20 世纪 50 年代末出现了晶闸管,由晶闸管构成的静止变频电源输出方波或阶梯波的交变电压,取代旋转变频机组实现了变频调速,然而晶闸管属于半控型器件,可以控制导通,但不能由门极控制关断,因此由普通晶闸管组成的逆变器用于交流调速必须附加强迫换向电路。20 世纪 70 年代以后,GTR、GTO、MOSFET、IGBT、MOS 控制晶闸管(MOS Controlled Thyristor,MCT)等先后问世,这些器件都是既能控制导通又能控制关断的器件,即全控型器件。由这些器件组成的逆变器构成简单、结构紧凑。其中 IGBT 兼有 MOSFET 和 GTR 的优点,是目前最为流行的器件,MCT 则综合了晶闸管的高电压、大电流特性和 MOSFET 的快速开关特性,是极有发展前景的大功率、高频率开关器件。由于电力电子器件正向大功率化、高频化、模块化、智能化方向发展,20 世纪 80 年代以后出现的功率集成电路(Power Integrated Circuit,PIC)集功率开关器件、驱动电路、保护电路、接口电路于一体,这不但提高了可靠性,而且具有设备体积小、功能多、成本低等优点,免去用户设计或选用驱动电路与保护电路的麻烦,用起来非常方便。而作为 PIC 的过渡产品——智能功率模块(Intelligent Power Module,IPM)在交流变频调速中已广泛使用。

随着新型功率开关器件的不断涌现,变频技术获得了飞速发展。以普通晶闸管构成的方波形逆变器已被全控型高频开关器件组成的脉冲宽度调制(Pulse Width Modulation,PWM)逆变器取代。同时随着器件开关频率的提高,借助于消除特定谐波的 PWM 逆变器控制模式,PWM 逆变器的输出波形非常逼近正弦波。为了降低开关损耗和提高工作效率,人们又提出了一种新型的谐振型软开关逆变器。应用谐振技术可使功率开关器件在 ZCS 或 ZVS 下进行开关状态转换,开关损耗几乎为零,这又使得电动机变频调速技术迈上了一个新台阶。

在变频技术日新月异的同时,交流电动机控制技术的发展方兴未艾,非线性解耦控制、人工神经网络自适应控制、模糊控制等各种新的控制策略不断涌现,展现出更为广阔的前景,这必将进一步推动电动机变频调速系统的飞速发展。原来一直由直流调速占领的应用领域,现已逐步由交流调速系统取而代之。

变频器是目前最为理想的交流传动设备,已被广泛应用于各个领域。与其他机械或电子设备一样,在元器件老化、操作不当、环境干扰或人为破坏等情况下,变频器在使用过程中,也出现了一些问题故障,严重的情况下会造成重大事故,带来无法弥补的经济或社会损失。针对这些问题,如果能提前采用一些有效的故障诊断与容错控制措施,就可以准确、快速地诊断出变频器的故障,使设备不会突然停机,将损失降到最低。三相变频调速系统采用变频器控制交流异步电动机,其中由于功率开关器件的脆弱性及其控制的复杂性,变频器部分尤其是其中实现各种PWM控制策略的逆变器部分,是系统中易发生故障的薄弱环节,一旦逆变器发生故障,整个驱动系统便丧失正常工作的能力,轻者影响工业生产的正常进行,重者会发生重大事故。

在分析和总结国际、国内驱动系统可靠性技术方面的研究成果和最新进展后,将可靠性技术归纳为冗余和容错两种。但人们为提高调速系统的可靠性而多采取并联冗余元件或电路等方法(即硬件冗余技术)。硬件冗余技术源于可靠性分析理论。可靠性分析理论认为,并联系统可以大大提高系统的可靠性,因为当几个并联元件中的某一个元件失效,其功能可以由与之并联的其余元件来实现。基于冗余元件或电路的驱动系统就是采用几个功能完全相同的元件或电路并联在一起完成同一任务,只要有一个并联的元件不出故障,就不影响系统的正常工作。因此,硬件冗余技术仍被广泛应用于工程实践中。但是,硬件冗余技术完成同一种功能需要多个相同的部件,这样就会增加系统的成本、结构、重量和所需空间,在某些空间极为有限的场合采用该方法将受到限制,另外对大型复杂系统全部采用该技术也是不现实的,为此,国内外已有研究者提出逆变器容错技术,在此也需要进一步研究逆变器容错驱动技术。

针对逆变器故障后驱动系统的容错驱动研究的前提条件是必须迅速、准确地检测到故障并及时实现故障定位。只有检测到故障并实现故障定位后,才可采取相应的故障恢复策略,可见,逆变器的容错驱动技术的核心问题和前提条件是逆变器的故障检测与诊断,并且要迅速检测和定位逆变器的故障。

1.2　研究意义

1.2.1　器件损耗的研究意义

当前,随着非再生能源的过度使用和节能环保意识的增强,电能利用率的提高显得非常重要。在电力电子技术应用领域,功率变换装置中功率开关器件的损耗问题,是一个研究热点。当工作频率较高时,开关损耗将超过其通态损耗,成为主要损耗,甚至可忽略通态损耗。此时,器件内部结温上升较快,会影响自身安全工作,严重时会热击穿,故对器件的损耗研究重点在开关损耗。开关损耗的影响因素较多,这些因素间还互相影响,给开关损耗的研究带来了很大的困难。

功率开关器件工作于不同的电路拓扑中时,所表现出来的开关特性也不相同,产生的功率损耗也就不同。器件的开关特性主要取决于它的电性能和热性能,而开关过程中传热特性的变化又影响到器件本身的电性能参数,从而有可能降低器件的使用水平。因此,为了让器件的应用潜能发挥到最大化,研究其开关过程中的损耗特性对优化器件的使用环境、性能参数以及选择最优的电路拓扑等都是很重要的。

随着功率开关器件开关频率的提高和开关容量的增加,正确计算出器件工作的功率损耗,对选取合适的器件及散热装置、电路拓扑和优化策略都起到了重要作用。因此,研究器件损耗可以为功率变换装置系统中器件选型和散热设计提供指导,并可为提高系统的工作效率提供重要依据。

本书对以开关损耗为主要损耗的问题进行了一定的研究,合理、准确地计算出损耗值,并进行了一定的分析,根据分析思路,可采取一定措施尽可能降低器件的损耗,使装置的损耗降低,提高系统的工作效率。提出了直接利用 IGBT 实时的工作电压、电流波形计算其损耗的方法,该思路可以运用到其他变换装置中器件损耗的研究,在电力电子技术产品设计中,可起到借鉴参考的作用。在应用中,可以选择更加合理的功率开关器件,优化其使用环境、性能参数以及选择最优的电路拓扑等。最重要的是,可以减小功率开关器件损耗的产生,不仅能使装置向高频率、大容量的方向发展,还可以节约大量能源,为走节约、高效的特色新型能源发展道路提供借鉴。

1.2.2 故障诊断的研究意义

故障诊断的任务就是针对异常工况(或故障状态)的信息查明故障发生的位置及性质,研究内容主要包括信号的实时在线检测、信号的特征分析、特征量的选择、工况状态识别和故障诊断。

功率开关器件的不断涌现促使变频技术获得了飞速发展,变频调速系统的可靠性、故障检测与诊断问题已逐渐引起众多研究者的重视。电动机本体经过多年的研发和使用,大多可靠性问题都能被解决,变频调速系统中的逆变器是不是完全可靠的,将直接影响系统的稳定运行。相关研究文献显示,功率开关器件工作在高频开关状态,损耗较大,发热严重,发生故障的概率最大。逆变器的故障诊断也聚焦于逆变器主电路的功率开关器件,迅速检测和定位逆变器的故障,可有效减少故障维修时间,提高生产效率。

1.3 研究内容

本书从常规器件的开关特性着手,研究功率损耗与结构参数、运行参数间的关系,分析功率开关器件损耗与相关影响因素间的关系,寻求较好的电路元件参数设计,尽量降低损耗的产生,节约能量。本书分析了功率开关器件在工作状态下器件损耗与结构、运行参数之间的关系,合理计算出损耗功率值后,对器件损耗与其有关的影响因素之间的关系做出了相应的分析。

功率开关器件的功率损耗与很多因素有关,如母线电压、通态电流、阻断压降、栅极电压、栅极电阻、工作温度等,研究这些器件损耗影响因素对器件使用环境的选择、性能参数的优化、散热器的选择乃至最优电路拓扑的设计都是至关重要的。以 IGBT 为研究对象,从其有关知识、功率损耗的定义及计算公式等方面着手,介绍了 IGBT 的损耗建模的分析和研究。

在广泛参阅相关文献的基础上,在 PSpice 环境下搭建了 IGBT 仿真电路,通过设定几种与损耗相关的影响因素的不同取值,仿真了 IGBT 的不同的开通与关断波形,通过波形分析了这几个因素对开关损耗的影响。直接利用器件工作时的实时电压和电流波形来计算器件的损耗。不管在何种工况下,不管使用何种功率开关器件,器件在工作时,均要测出器件的工作电压、电流波形,具体计算中,须采取办法将实验结果的波形图转换为数据形式,根据器件损耗的定义和计算公式采用某种算法准确地计算出功率损耗值,然后对这些数据进行拟合,进行建模、分析和总结。

本书具体设计了一个 Buck 斩波电路作为器件损耗测试的实验平台。对实验装置平台进行测试,测出开关功率器件工作时的电压、电流波形后,转化成数据的方式保存输出结果,利用编程来求出损耗功率值,通过算出的器件损耗功率值对影响损耗的相关因素进行分析。

功率开关器件出现故障往往直接或间接表现在一个或多个物理量的变化上。选取可能引起某处电流或电压的异常变化,采用传感器装置来检测含故障信息的相关物理量,进行信息处理,提取故障信息,判断故障点和故障类型。当逆变器发生故障时,选择输出电压、电流信号作为包含有故障信息的特征信号,选取一路输出线电压信号就可判断出故障。本书诊断研究的对象选为电压型变频器供电三相交流异步电动机变频调速系统,结合数字信号处理的方法对系统进行故障分析,利用 MATLAB 系统仿真软件建立所需故障诊断对象的仿真模型,然后对变频器故障的仿真、故障分类、特征提取、故障诊断等方面进行了研究。

首先,建立变频调速系统的仿真模型并对变频调速系统在 MATLAB 软件中进行仿真,根据电力电子电路中故障信号的特点,在仿真的基础上,对变频器本身的故障,诸如功率开关器件的短路、断路等进行分析,并提取了故障信号——变频器的三相输出电压信号直接进行处理。

其次,基于傅里叶变换对逆变器输出信号进行了谱分析,提出频谱差概念,得到了故障情况下电压的幅值和相角特征信息。以此作为故障诊断的依据,采用在故障波形特征与故障类型之间建立一种映射关系的方法。基于此决策逻辑可有效确定功率开关器件的故障性质及逆变器故障桥臂位置,从而减少故障维修时间,并为下一步处理提供依据。

最后,通过硬件实验平台实验验证了所提出的诊断方法的可行性。为进一步验证研究思路和提出方案的可行性和有效性,建立实际故障系统,在实验平台上对系统故障特征信号进行测量,处理实测信号所含故障特征量数据用以验证故障判断逻辑流程,对系统故障中的可容错性故障提出相应的容错性控制策略。

第 2 章　功率开关器件特性及损耗计算的常用方法

2.1　功率开关器件的发展简介

功率开关器件的应用已深入工业生产和社会生活的各个方面,实际的需要极大地推动了器件的不断创新。微电子学中的超大规模集成电路技术在功率开关器件的制作中得到了广泛的应用,具有高载流子迁移率、强热电传导性以及宽带隙的新型半导体材料,如砷化镓、碳化硅、人造金刚石等的运用将有助于开发新一代高结温、高频率、高动态参数的器件。

从结构看,器件正向复合型、模块化的方向发展;从性能看,发展方向是提高容量和工作频率,降低通态压降,减小驱动功率,改善动态参数和多功能化;从应用看,MOSFET、IGBT、MCT 是最有发展前景的器件。

今后研究的重点将是进一步提高 IGBT 和 MCT 的开关频率和额定容量,研发智能 MOSFET 和 IGBT 模块,发展功率集成电路以及其他功率器件。GTO 将继续在超高压、大功率领域发挥作用;功率 MOSFET 在高频、低压、小功率领域具有竞争优势;超高压(8000V 以上)、大电流普通晶闸管在高压直流输电和静止无功率补偿装置中的作用将会得到延续,而 SCR 和 GTR 则将逐步被功率 MOSFET(600V 以下)和 IGBT(600V 以上)所代替。综上所述,功率开关器件正在向高压、大功率、高频化、集成化和智能化方向发展。

IGBT 现已成为电力电子领域的新一代主流产品,已基本取代了大功率晶体管的地位,成为中小功率系统中最常用的全控自关断器件。研究 IGBT 有着重要的实际意义,目前交流变频调速中变频器的功率开关器件大多为 IGBT,因此本书以 IGBT 为研究对象。

2.2　器件的结构及工作原理

IGBT 是一种新型的电力半导体器件。它是一种具有 MOS 输入、双极输出功能的 MOS 与双极相结合的器件。结构上，它是由成千上万个重复单元组成，并采用大规模集成电路技术和功率器件技术制造的一种大功率集成器件。IGBT 既有 MOSFET 的输入阻抗高、控制功率小、驱动电路简单、开关速度高的优点，又具有 GTR 的电流密度大、饱和压降低、电流处理能力强的优点，所以，IGBT 的三大特点就是高压、大电流、高速，这是其他功率器件不能比拟的。它是电力电子领域非常理想的开关器件。目前，市场上已有 500～6500V、800～3600A 的 IGBT，因其具有耐高压、功率大的特性，它已成为中、大功率开关电源等电力电子变换装置的首选功率器件。

目前随着电力电子技术朝着大功率、高频化、模块化发展，IGBT 广泛应用于低噪音电源、逆变器、不间断电源（Uninterruptable Power Supply，UPS）以及电动机变频调速等领域，且在航天、航空等领域也得到了广泛的应用。经过 30 多年发展，IGBT 额定电压和额定电流所覆盖的输出容量已经达到 6MV·A。IGBT 最大的额定集电极电流已经达到 3.6kA，最高阻断电压达到 6.5kV。随着容量的不断增大、工作频率的不断提高和器件的小型化，对 IGBT 的结温和损耗的研究也变得越来越重要。

IGBT 是从功率 MOSFET 发展而来的，是 MOSFET 与双极型晶体管的复合器件。IGBT 的结构剖面图如图 2-1 所示，图 2-2 为其等效电路。

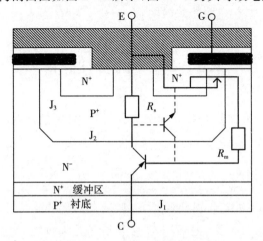

图 2-1　IGBT 的结构示意图

IGBT 是在 MOSFET 的基础上增加了一个 P^+ 层发射极,形成 PN 结 J_1,并由此引出集电极,这样整个单胞成了四层结构,并存在 J_1、J_2、J_3 三个 PN 结,当 $U_{CE}>0$,$U_{CE}>U_T$ 时,栅极下面的半导体表面形成反型层,电子从 N^+ 区经沟道流入 N^- 区,使 J_1 结正偏,于是 P^+ 区向 N^- 区注入空穴,这些空穴一部分与从沟道来的电子复合,另一部分被处于反偏的 J_2 结收集到 P^+ 区,这些载流子将显著地调制 N^- 区的电导率,降低了器件的导通电阻,提高了电流密度。但是,这种结构也存在以下问题:

(1)关断时拖尾电流现象。IGBT 可以像 MOSFET 那样用移去正栅压、释放栅极电荷的方法来关断器件,但是 IGBT 的 N^- 区没有外引电极,因此不能采用抽流方法来降低 N^- 区中的过剩载流子。这些空穴只能依靠自然复合,因此,集电极电流存在一个拖尾电流。

(2)IGBT 工作电流大到一定值时,虽撤去栅压,器件仍然导通,即栅极不再具有控制能力,对于 IGBT 而言是一种故障现象,这可以用图 2-1 来直观地理解,若电流较大,在 R_S 上产生的压降高于 0.7V 时,便足以使寄生晶体管导通,若 $\alpha_{NPN}+\alpha_{PNP}\geqslant 1$,栅极便丧失控制作用,这是产生了擎住效应后的影响。

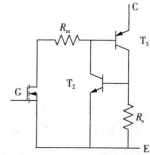

图 2-2　IGBT 的等效电路

在图 2-1 中,有 N^+ 缓冲区的 IGBT 称为穿通型结构(Punch Through,PT),其特点为反向阻断电压低,但正向导通电压降低、电流拖尾时间短;没有 N^+ 缓冲区的 IGBT 称为非穿通型结构(Non Punch Through,NPT),它具有对称的正反向电压阻断能力,但电流拖尾时间长。

2.3　IGBT 的特性分析

IGBT 的动态特性是指其在开通和关断过程中,集电极电流 I_C 和集-射极电压 U_{CE} 的变化曲线,如图 2-3 所示。

2.3.1　开通过程

驱动电压 U_G 由 0 上升到其幅值的 10％ 的时刻起,到集电极电流 I_C 上升到其幅值的 10％ 的时刻止,这段时间为开通延迟时间 $t_{d(on)}$。而 I_C 从 10％ I_{CM} 上升至 90％ I_{CM} 所需时间为电流上升时间 t_r。可知,开通时间 t_{on} 为开通延迟时

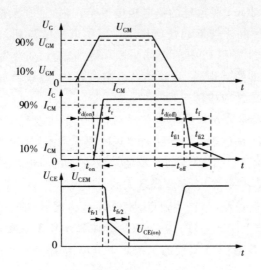

图 2-3　IGBT 的开关过程动态曲线波形

间与电流上升时间之和。开通时,集电极电压 U_{CE} 的下降过程分为 t_{fv1} 和 t_{fv2} 两段,前者为 IGBT 内部的 MOSFET 单独工作的电压下降过程,后者为 MOSFET 和 PNP 晶体管同时工作的电压下降过程。由于 U_{CE} 下降时 IGBT 中 MOSFET 的栅漏电容增加,而且 IGBT 中的 PNP 晶体管由放大状态转为饱和状态也需要一个过程,因此 t_{fv2} 段电压下降过程缓慢。只有等 t_{fv2} 段结束时, IGBT 才完全进入饱和状态。

2.3.2　关断过程

关断时,从驱动电压 U_G 的脉冲后沿下降到其幅值的 90％ 的时刻起,到集电极下降到 90％I_{CM} 为止,这段时间为关断延迟时间 $t_{d(off)}$。而 I_C 从 90％I_{CM} 下降至 10％I_{CM} 所需时间为电流下降时间。两者之和为关断时间 t_{off}。电流下降时间可以分为 t_{fi1} 和 t_{fi2} 两段,其中,前者对应的是 IGBT 内部的 MOSFET 的关断过程,这段时间 I_C 下降得较快;后者对应的是 IGBT 内部的 PNP 晶体管的关断过程,这段时间中 MOSFET 已经关断,IGBT 又无反向电压,所以 N 基区内的少子复合缓慢,造成 I_C 下降得较慢。由于集-射极电压 U_{CE} 已经建立,因此较长的电流下降时间内会产生较大的关断损耗。

2.3.3　擎住效应

从 IGBT 的结构图中可以看出,IGBT 结构中存在 NPNP 四层结构,相当于一个晶闸管,它由 NPN 和 PNP 两个晶体管组成。在 NPN 晶体管的基极和发射极之间存在一个短路电阻R_s，在额定的集电极电流范围内，这个正偏压很小，不足以使此 PN 结导通，NPN 晶体管不起任何作用。当集电极电流超过其额定值时，正偏压上升，使寄生 NPN 管和 PNP 管能同时饱和导通，造成寄生晶闸管开通，栅极将失去对集电极电流的控制作用，导致集电极电流过大，造成器件功耗过高而损坏，这种现象被称为擎住效应或锁定现象。

IGBT 的擎住效应又分为静态擎住效应、动态擎住效应和栅分擎住效应。静态擎住效应是 IGBT 在稳态电流导通时出现的锁定现象，此时集电极电压很低，而稳态电流密度超过了某一数值。动态擎住效应发生在高速开关过程中，电流下降太快，集-射极电压U_{CE}突然上升，造成过大的dU_{CE}/dt，在 IGBT 内部产生较大的位移电流。当该电流流过R_s时，产生足以使 NPN 晶体管开通的正向偏置电压，造成寄生晶闸管自锁，使 IGBT 失效。栅分擎住效应是由于绝缘栅的电容效应造成在开关过程中个别先开通或后关断的 IGBT 中的电流密度过大而形成的局部锁定现象。

为了避免 IGBT 发生擎住现象，设计电路时应保证 IGBT 的集电极电流不要超过其最大值，或者用加大栅极电阻的办法延长 IGBT 的关断时间，以减小dU_{CE}/dt。另外，器件制造厂家也应当在 IGBT 的生产工艺和结构上采取措施以提高 IGBT 的锁定电流，尽量避免产生擎住效应。

2.4　安全工作区

开通和关断时，IGBT 均具有较宽的安全工作区。

IGBT 开通时正向偏置，其安全工作区称为正向偏置安全工作区（FBSOA），是由电流、电压和功耗三条边界极限包围而成的。最大集电极电流I_{CM}是根据避免动态擎柱而确定的，最大集-射极电压U_{CEM}是由 IGBT 中 PNP 晶体管的击穿电压确定的，最大功耗由最高允许结温决定。FBSOA 与 IGBT 的导通时间密切相关，导通时间很短时，FBSOA 为矩形方块，导通时间越长，发热越严重，安全工作区变窄。

IGBT 关断时为反向偏置，其安全工作区称为反向偏置安全工作区（RBSOA）。RBSOA 是 IGBT 在关断工作状态下的参数极限范围，是根据最大集电极电流、最大集-射极电压和最大允许电压上升率dU_{CE}/dt确定的。过高的dU_{CE}/dt会使 IGBT 产生动态擎住效应，因此在实际应用中，应尽量使 IGBT 在安全工作区以内工作。

2.5　提高开关频率后的影响

2.5.1　开关频率提高的好处

随着功率开关器件的发展,人们要求它可以在越来越高的开关频率下工作,因而应使装置具有越来越小的体积和重量,以及越来越高的功率密度。20 世纪 70 年代,其工作频率已能达到 20kHz。目前一般的 DC/DC PWM 变换器中功率器件可以以最佳的效率、尺寸、重量、可靠性及价格因素工作在 50kHz～200kHz 范围内。近年来,随着微小型电气设备、数码产品、通信设备等的需求和发展,以及空间技术实际应用的需求,要求功率变换器具有更小的体积和重量,以及更高的功率密度,即具有更高的开关频率,一般为几兆赫至几十兆赫不等。

在应用中,如 PWM 变换装置,若能进一步提高开关频率,将会带来一系列的好处,如:

(1)输出具有更加标准的正弦波形;

(2)低次谐波会被更好、更有效地抑制;

(3)当开关频率在 18kHz 以上时,产生的噪声将超出人类的听觉范围,使无噪音传动系统的研究将成为可能。

2.5.2　开关频率提高后所面临的问题

对于常规的 PWM 变换器,不论是直流-交流(DC/AC)PWM 逆变电路还是直流-直流(DC/DC)PWM 变换电路装置,进一步提高开关频率会面临许多实际的问题。在装置中功率开关器件工作时,功率开关管在电压不为零时导通,在电流不为零时关断,处于强迫开关过程,在这种状态下工作的 PWM 变换器的开通和关断瞬间将承受很大的浪涌电流和尖峰电压,势必造成器件功耗的加大,严重时会使器件运行超过安全工作区而失效,甚至损坏。

随着开关频率的上升,一方面开关损耗会成正比的上升,使电路的效率大大降低,此时随损耗的增加需要更大体积的散热器,将会影响变换器的功率密度,并且损耗大,会使温度升高,功率开关器件性能发生明显变化,影响其正常运行;另一方面,会产生严重的电磁干扰(EMI)噪音。

综上,在追求高开关频率的今天,研究功率开关器件的损耗尤其是其开通及关断损耗势在必行。

2.6　功率开关器件损耗的定义

2.6.1　损耗的构成

在研究功率开关器件损耗之前,先介绍一下其总损耗的构成是必要的。

大多数器件的总损耗一般由五部分组成,分别是开通损耗、通态损耗、关断损耗、断态损耗及栅极损耗。其中,断态损耗由漏电流造成,一般可以忽略不计。而在大功率场合(如 SCR、GTR、GTO、IGBT 及 IGCT 等),器件的栅极损耗占 10% 以上,此时必须记入总损耗。功率开关器件工作在瞬态的开通、关断状态下,当频率较高的时候,其开关损耗将大大超过其通态损耗,从而占据了总损耗的大部分。

开关损耗则取决于功率器件的开关特性,而功率器件的开关特性主要取决于它的电性能和热性能,开关过程中传热特性的变化又影响到器件本身的电性能参数,从而有可能降低器件的使用性能。因此,研究其开关过程中的损耗特性,正确地计算出器件开通损耗和关断损耗,对优化功率器件的性能参数、改善使用环境和改进产品的设计都具有重要的意义。

2.6.2　开关损耗的由来

在电力开关变换器的发展过程中,20 世纪 50 年代,PWM 技术的出现,为电力电子技术的发展揭开了新的篇章。PWM 技术以其电路简单、控制方便而获得了广泛应用。一般说来,PWM 技术是指在开关变换过程中保持开关频率恒定,通过改变开关的接通时间长短,使得当负载变化时,负载上的电压输出变化不大的方法。开关管的通断控制与开关管上流过的电流和器件两端所加的电压无关,开通和关断过程是在器件上的电压或电流不为零的状态下进行的,这时开关损耗很大。尤其是现代电力电子技术正在向更高频率的方向发展,PWM 技术使得开关损耗已经成为高频化发展的显著障碍。下面详细说明开关损耗的产生机理,如图 2-4 所示。

目前工业生产中,不论大功率装置还是中、小功率装置,功率开关器件(开关管)都很难是理想开关,也不可能达到理想状态。

功率开关器件的开通和关断过程需要一定的时间,在开通的过程中开关管的电压不是立即下降到零,而是需要有一个下降时间,同时它的电流不是立即上升到负载电流,而是需要有一个上升时间。在这段时间内,电压和电流有一个交叠区,

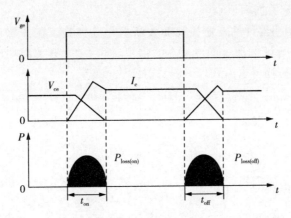

图 2-4 功率开关器件的开通、关断波形及开关损耗波形

从而产生损耗,称为开通损耗。当开关管关断时,开关管的电压不是立即上升到电源电压,而是有一个上升时间,同时开关管的电流不是立即下降到零,而有一个下降时间。在这段时间内,电压和电流也有一个交叠区,所产生的损耗称为关断损耗。将开关管工作过程中产生的开通损耗和关断损耗统称为开关损耗。

2.6.3　功率损耗的计算

器件的功率损耗,顾名思义,就是器件工作时消耗的功率。在功率开关器件的开通和关断这两个短暂的过程内,电压和电流均不为零,会产生浪涌电流和尖峰电压,形成了电压和电流波形的交叠,从而产生了开关损耗。这种瞬时损耗功率特别大,有损耗器件就会发热,严重时会影响其自身的安全工作,甚至引起损坏,进而影响电路工作的可靠性。损耗的产生,不仅使器件发热,降低转换效率,而且限制了变换装置开关频率的提高。

功率损耗的值等于器件上电压、电流的乘积,器件工作时的能量损耗是在此乘积上再乘以对应的时间。器件的功率损耗(P)一般由通态损耗(P_T)和开关损耗(P_S)组成,如式(2-1),其他损耗可忽略。

$$P = P_T + P_S \qquad (2-1)$$

2.6.3.1　通态损耗

器件开通后,在饱和条件下工作,其通态损耗为:

$$P_T = U_{on} I_{on} \qquad (2-2)$$

式(2-2)中,U_{on} 为器件导通时工作的有效电压值;I_{on} 为器件导通时工作的有效电流值。

2.6.3.2 开关损耗

根据定义,功率器件的开通损耗和关断损耗分别等于在开通和关断时间内功率器件两端的电压 U 和通过的电流 I 的乘积,即在一个开关周期中消耗在器件的开通损耗和关断损耗可以由式(2-3)、式(2-4)表示:

$$P_{on} = \frac{1}{t_{on}} \int_0^{t_{on}} UI \, \mathrm{d}t \tag{2-3}$$

$$P_{off} = \frac{1}{t_{off}} \int_0^{t_{off}} UI \, \mathrm{d}t \tag{2-4}$$

总开关损耗由式(2-5)给出:

$$P_S = P_{on} + P_{off} \tag{2-5}$$

其中,各参数所代表的物理意义如表2-1所示。

表 2-1　各参数及其物理意义

参　数	物理意义
P_{on}	开关管的开通损耗
P_{off}	开关管的关断损耗
P_S	开关管的总开关损耗
U	开关管的集-射极间电压瞬时值
I	开关管的集电极电流瞬时值
t_{on}	开关管的开通过程持续时间
t_{off}	开关管的关断过程持续时间

由上述分析可知,在正常条件下,器件在每个周期中的开关损耗可认为是不变的,提高变换器的频率,则器件的开关损耗也随着增加,变换器的效率降低。开关损耗的存在严重地限制了开关电源的小型化和轻量化以及开关频率的提高。

要想获得器件的开关损耗,须通过实验准确测定出器件的瞬时电压和电流的波形数据。在一个开关周期内,通态时器件的电压和电流很容易测出,而在短暂的开通和关断过程中由于波形特别陡使这些量很难测量,这就要求测量电路中的检测仪器(如电压和电流传感器等)具有较快的响应特性。测出各过程的电压和电流后,经相关处理后计算出开关损耗。其他损耗可忽略不计,算出的开关损耗,再加上通态损耗,可认为是器件的总损耗。

第 3 章 开关损耗的影响因素分析与仿真研究

3.1 开关损耗的研究现状

功率开关器件的用途越来越广泛,其开关特性也越来越重要。器件的类型不同,其开关特性也就不同,即使是同种类型的器件,工作于不同的拓扑电路中,所表现出的开关特性也不相同,产生的损耗也就不同。深入理解功率开关器件的特性、损耗等,对器件及最优拓扑电路的选择是很重要的,因此,有必要对功率开关器件的损耗进行深入的学习和研究。

迄今为止,国内外专家、学者从不同的方面对减少功率开关器件的损耗问题进行了探索和研究。主要集中在:从器件工作的原理和应用环境的差别入手进行研究,旨在熟悉各种器件的最佳使用场合,减少功率损耗,从而提高工作效率;对器件的内部结构和制造工艺进行分析研究,建立更为理想的物理结构损耗模型,实现减少功率损耗;对各工作频率下的不同特性进行测试研究,掌握器件的频率特性、器件的极限开关频率和损耗问题;研究不同开关状态下器件的损耗,力求改善器件开关特性;进行开关损耗的对比研究,通过控制方式的优化来减少器件乃至装置的功率损耗。

目前来说,有关功率开关器件的损耗研究、仿真研究的方法非常多,而对其工作过程,尤其开通、关断过程的功耗研究却很少。在高频场合下,功率开关器件的能量损耗是相当高的,这对装置的设计研究具有极大的影响。功率开关器件用在功率变换装置中损耗的仿真计算研究也较多,但是在实际应用中,具体怎样减少损耗的研究,或者说把损耗降低到最低的研究不是很多,而且很少系统地研究器件的损耗特性,因为其损耗受到外围电路、运行环境和测试手段等因素的多重影响,需要进行大量的实验。相比之下,通过实验的方法获取器件的损耗则比较真实可靠,但之前必须建立准确、有效的损耗模型。

通常在计算功率器件损耗过程中,先通过测试得到所有工作点的电压波形和电流波形,再根据波形得到器件的损耗。但是,器件工作时的功耗与其导通电流、阻断电压、栅极电压、栅极驱动电路、吸收电路参数、电压变化率、电流变化率以及器件的结温等都有关,在实际应用中,其工作电压、电流、结温等参数是不断变化的,因此通过上述方法很难准确得到所有工作情况下的电压、电流波形。

通过查阅各种有关文献,有关功率开关器件损耗问题的研究都是比较单一的描述或论述,很少有从不同方面对减少功率开关器件的损耗问题进行探索和研究的。一般有以下几种思路来研究器件的功率损耗:

(1)对不同器件进行对比研究,旨在探索出各种不同器件所适用的场合,关注器件工作的原理、不同环境下的应用差别,做出对比后,了解什么器件适用在什么场合,可减少功率损耗,提高功效。

(2)对器件的内部结构和半导体工艺进行研究,以期寻求更理想的物理结构的"理想器件",实现减少功率损耗。硅材料功率器件已发展得相当成熟,为了进一步实现人们对理想功率器件特性的追求,越来越多的功率器件研究工作转向了对用新型半导体材料(如 SiC 材料等)制作新型半导体功率器件的探求。研究表明,砷化镓场效应晶体管和肖特基整流器可以获得十分优越的技术性能。SiC 功率器件非常接近于理想的功率器件。可以预见,各种 SiC 器件的研究与开发必将成为功率器件研究领域的主要潮流之一。但是,SiC 材料和功率器件的机理、制造工艺等均有大量的问题需要解决,这方面的技术进步将会给电力电子技术领域带来又一次革命,估计还需要十几年的时间。

(3)对某种器件在不同工作频率下的不同特性进行探索,以期掌握器件的频率特性以及器件的极限开关频率。频率越高时,需要的电感与滤波电容越小,开关损耗较大,对器件的频率特性要求高。当然频率高时,如果器件选用合适,损耗不一定就大,但成本可能会比较高。这时,器件的频率特性研究很重要。

(4)对器件及其损耗进行建模仿真,从器件的开关特性来减少损耗产生。采用电阻、电容、电感、电流源、电压源等一些相对简单的元件模拟出功率开关器件的特性,利用仿真软件仿真其在各种情况下电压和电流波形,计算得到功率损耗。这种损耗模型的准确程度取决于模型的准确程度,只有物理模型越接近实际工作情况的器件,才能保证仿真得到的损耗近似于实际的损耗。另外一种是基于数学方法来建模,这是基于实验的大量数据的测量模型,根据实验结果,采用某种算法求出功率损耗与电流、电压、温度等参数的函数关系,再依此关系通过多次重复求出其他任意工作点的功耗值,避免了物理模型中众多参数提取的困难,这种方法计算速度快,且与器件具体型号无关,通用性比较好。

(5)对不同开关状态下器件损耗进行研究,力求改善器件的开关特性,进行开关损耗的对比研究。以电路拓扑改进为代表的软开关技术在解决开关损耗问题的同时,也带来电路结构复杂化的问题,尤其对复杂电路更是如此。

(6)通过对器件或者装置的控制方式的优化来减少损耗产生。从 PWM 控制方法的优化上寻求一种开关损耗最小的 PWM 控制装置,以此来减少开关损耗,使装置的功率损耗降低。现代功率变换装置的发展方向是向高频化发展,在不增加硬件投资的情况下,可以从研究降低器件的开关损耗的控制方法来减少功率损耗,从而提高整个装置的效率。

以上的研究和探索说明了必须对功率开关器件的损耗模型构建、损耗值的计算做出一定的工作。书中针对上述(3)~(6)做了一些研究工作。

3.2　损耗的建模分析

功率开关器件损耗研究一直是电力电子领域中很多专家学者非常重视的一个研究方向,当然也缺乏统一和准确的计算方法。准确地计算出其损耗难点在于器件损耗的建模。迄今为止,国内外有关专家学者对器件的功率损耗模型进行了较深入的研究。

损耗模型的建立主要分为两大类:基于物理结构的器件损耗模型和基于数学模型方法的器件损耗模型。前者因器件内部的参数不易获得,尤其是模型参数值的确定较复杂,很难体现其物理特性,使这些物理模型用到实际生产中是不现实的;后者主要有线性化、多项式、幂函数等方法,是基于实验的大量数据的测量模型,再依据实验结果,采用某种算法求出功率损耗与电流、电压、温度等参数的函数关系,虽然避免了物理模型中众多参数提取的困难,但这类模型考虑器件损耗的影响因素有限,很难有效地计算出器件损耗的值,因此其损耗值误差较大。

还有一种比较常用的研究方法是基于器件数据手册的估算损耗模型,该方法依赖于电力电子器件厂家提供的手册,手册中的损耗参数或曲线是标准测试环境下获得的,与实际工况难免有一些差距,因而在选取器件时一般应留有较大裕度,某种程度上浪费了其使用潜能。

建模是研究某个系统的重要手段和前提。建立系统模型的过程又称模型化,凡是用模型描述系统的因果关系或相互关系的过程都属于建模。

系统建模主要用于以下三个方面:

(1)分析和设计实际系统;

(2)预测或预报实际系统某些状态的未来发展趋势;

(3)对系统实行优化控制。

对于同一个实际系统,人们可以根据不同的用途和目的建立不同的模型。所建模型只是实际系统原型的简化,因此既不可能也没必要把实际系统的所有细节都列举出来。实际建模时,必须在模型的简化与分析结果的准确性之间做出适当的取舍,这是建模遵循的一条原则。

功率开关器件的损耗模型分析对于产品的设计起着指导性的作用,其在设计中的应用见图3-1。

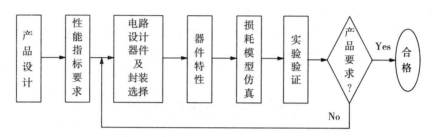

图3-1　器件损耗分析在产品设计中的作用

器件损耗模型的主要难点在于开关损耗建模。损耗模型的建立主要分为两大类:基于物理结构的 IGBT 损耗模型(Physics – Based Model)和基于数学模型方法的 IGBT 损耗模型(Average Model)。

3.2.1　基于物理结构的 IGBT 损耗模型

基于器件的等效物理模型的基础上,通过仿真和实验波形的比较来辨识参数,再用所辨识到的参数在不同电压、电流等条件下进行仿真和实验,得到该参数的有效适用范围。物理模型在应用中最大的难点是如何准确地提取参数。目前比较成熟的物理模型分为两类,一类是基于物理结构的微观模型,另一类是基于电路集中参数的器件宏观模型。构建基于物理结构的微观模型的方法是通过对器件内部某些参数的分析,获得器件的等效电路模型。这种微观模型适用于研究器件的开关特性,比如开关过程中的 dI/dt、dU/dt、开关损耗等。

这种方法通过分析 IGBT/Diode 的物理结构和内部载流子的工作情况,采用电阻、电容、电感、电流源、电压源等一些相对简单的元件模拟出 IGBT 的特性,利用仿真软件仿真 IGBT 在各种情况下的电压、电流波形,从而计算得到 IGBT 的损耗。这种损耗的准确程度取决于模型的准确程度,只有物理模型越接近实际工作情况的器件,才能保证仿真得到的损耗近似于实际的损耗。

就 IGBT 来说,目前比较经典的微观模型有三种,分别是 Hefner 物理模型、K. Sheng 物理模型和 Kraus 物理模型。Hefner 物理模型可以描述 IGBT 所有的物理特征,因此它可以仿真各种不同外部电路条件下 IGBT 的静态和动态特性,它已经被广泛应用于 Saber 和 PSpice 等仿真软件。K. Sheng 物理模型是将 IGBT 的结构看成三维空间形式,采用载流子二维分布的方法,因此该模型在模拟器件的通态特征方面有很大的改善,而且仿真速度很快,目前主要应用于 PSpice 仿真软件以及对器件结构优化等方面。Kraus 物理模型是将 IGBT 看成是 MOSFET 和双极性结型晶体管(Bipolar Junction Transistor,BJT)的组合,因此可以将 IGBT 分成两个支路模拟,MOSFET 可以采用 Spice 的标准 MOSFET 模型,同时考虑寄生电阻电容等,而 BJT 则由两个二极管和三个电流源模拟,这种模型非常简单,原理也容易理解,目前广泛应用于 Saber 仿真软件中。IGBT 宏观模型是将 IGBT 当成是一个开关,只需要少量的无源电路元件去模拟。目前比较经典的 IGBT 宏观模型有两种,一种是 MOSFET 和 BJT 的组合模型,另一种是改进的 MOSFET 和 BJT 的组合模型。前一种结构简单,仿真速度快,但是动态特性的仿真能力比较差,而第二种模型通过加入一个非线性电容和一个被控电流源以减少关断延时的误差,这种模型在仿真准确性和仿真速度之间得到平衡,并且适用于高电压时 IGBT 的仿真。

3.2.1.1　Hefner 物理模型

由 Hefner 提出的一种基于 IGBT 物理结构的模型已经广泛应用于 Saber 和 PSpice 等仿真软件中。其模型采用一维图形的方法,包含了 IGBT 重要的物理特征,可以描述 IGBT 在各种外部电路条件下的稳态和动态特性,具有很好的动态精确性。图 3-2 给出了 Hefner 模型在 Saber 软件中的模拟仿真电路图。通过实验和仿真比较得到这种物理模型具有很好的准确性。

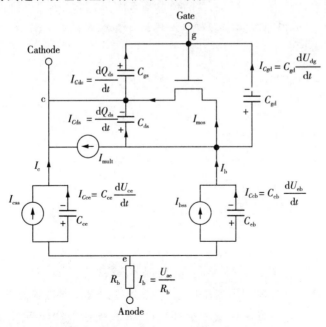

图 3-2　Hefner 物理模型

3.2.1.2　Kraus 物理模型

此模型仅对 NPT IGBT 进行建模,主要用于 Saber 仿真软件中。图 3-3 是其结构图,它将 IGBT 模拟成 MOSFET 和 BJT 两部分。MOSFET 部分采用电阻和电容描述 MOSFET 的特征,BJT 部分采用两个二极管和三个电流源来模拟。此模型在原理上很容易理解,结构也简单。

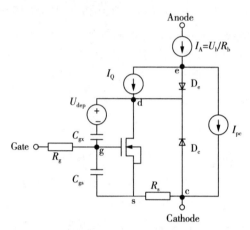

图 3-3　Kraus 物理模型

3.2.1.3　K. Sheng 物理模型

此模型主要用于 D-IGBT。它的特点是在描述 IGBT 静态特性时采用二维载流子分布的方法,同时也考虑了器件的动态特性和温度对它的影响。图 3-4 是其结构图。它主要用于 PSpice 仿真软件中。

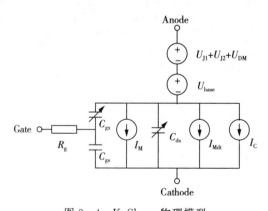

图 3-4　K. Sheng 物理模型

从上面对这些物理模型的分析可以发现,器件内部的参数很难获得,使得这种模型的建立不能较好地准确体现其物理特性,真正把这些物理模型用到实际生产中是不太容易的,它要求用户要很清楚地知道 IGBT 的内部结构和每个阶段的工作过程。模型参数值的确定是较复杂的,对于使用器件的一般用户来说,是很困难的。

3.2.2　基于数学方法的 IGBT 损耗模型

基于数学方法的模型,亦是基于实验的大量数据的测量模型,根据实验结果,采用某种算法求出功率损耗与电流、电压、温度等参数的函数关系,再依此关系通过多次重复计算求出其他任意工作点的功耗值。平均模型避免了物理模型中众多参数提取的困难,计算速度快,而且与器件具体型号无关,通用性方面比较好。

3.2.2.1　线性化方法

用线性化方法计算损耗,它的原理图如图 3-5 所示。

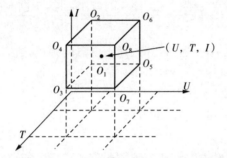

图 3-5　点 (U,I,T) 在空间的位置

需要测量的仅仅是特定条件下一些电压值、电流值和结温时的损耗值,由此通过插值的方法得到任意电压值、电流值和结温时的损耗值。三个参数 U、I、T 分别代表开关过程的电压、通过 IGBT 电流值和器件的结温,P 对应的是功率损耗。此模型中要求的测试点的损耗可以通过插值的方法得到。在图 3-5 中,$O_1 \sim O_8$ 是需要知道的 8 个测试值。它们的关系为:

$$\begin{cases} O_1 = (U_1, I_1, T_1, P_1) \\ O_2 = (U_1, I_2, T_1, P_2) \\ O_3 = (U_1, I_3, T_2, P_3) \\ O_4 = (U_1, I_4, T_2, P_4) \\ O_5 = (U_2, I_5, T_3, P_5) \\ O_6 = (U_2, I_6, T_3, P_6) \\ O_7 = (U_2, I_7, T_4, P_7) \\ O_8 = (U_2, I_8, T_4, P_8) \end{cases} \qquad (3-1)$$

式(3-1)中，$P_1 \sim P_8$ 为8个已测的损耗值，$U_1 \sim U_2$、$T_1 \sim T_4$、$I_1 \sim I_8$ 分别为8个已测损耗的相应电源、结温和电流。根据这8个点计算此开关过程的开关损耗为：

$$f(U,I,t) =$$

$$\left[\left(P_1 \frac{I-I_2}{I_1-I_2} + P_2 \frac{I-I_1}{I_2-I_1} \right) \frac{T-T_2}{T_1-T_2} + \right.$$

$$\left. \left(P_3 \frac{I-I_4}{I_3-I_4} + P_4 \frac{I-I_3}{I_4-I_3} \right) \frac{T-T_1}{T_2-T_1} \right] \frac{U-U_2}{U_1-U_2} +$$

$$\left[\left(P_5 \frac{I-I_6}{I_5-I_6} + P_6 \frac{I-I_5}{I_6-I_5} \right) \frac{T-T_4}{T_3-T_4} + \right.$$

$$\left. \left(P_7 \frac{I-I_8}{I_7-I_8} + P_8 \frac{I-I_7}{I_8-I_7} \right) \frac{T-T_3}{T_4-T_3} \right] \frac{U-U_1}{U_2-U_1} \quad (3-2)$$

器件的通态损耗功率是通态压降、通态电流的乘积，通态压降采用同样的办法根据器件的饱和压降表计算得到。

3.2.2.2 多项式方法

计算损耗也可以采用多项式的方法。

（1）通态损耗

一般来说，导通压降为电流和温度的函数。在特定的温度下，为了能更准确地表示出导通电压和电流的数量关系，将电压表示成电流的二次多项式，如：

$$U = A + BI + CI^2 \quad (3-3)$$

式(3-3)中，A、B、C 为常数，可以通过曲线拟合的方法或者由用户手册计算得到。这比上面采用的线性方法要精确。

如果考虑结温对导通电压的影响，可以将电压采用式(3-4)表示：

$$U' = AT^a + BT^b I + CT^c I^2 \quad (3-4)$$

（2）开关损耗

由上，IGBT的开关损耗可以表示为：

$$E_{on} = A' + B'I + C'I^2 \quad (3-5)$$

式(3-5)中，A'、B'、C' 为常数，可以通过曲线拟合的方法或者由用户手册计算得到。

3.2.2.3 幂函数方法

在计算 IGBT 损耗时，有时采用将损耗表示成电流指数幂的形式，对通态损耗和开关损耗采用不同的表达式来建模，同时还考虑了母线电压和温度对模型的影响。

（1）通态损耗

对于通态损耗采用仅将损耗表示成负载电流的表达式。不同的参数值是从多次测试中提取的。

导通压降用一个动态电阻和一个常数压降来表示，则通态损耗可由式（3-6）表示：

$$P = \frac{1}{T} \int_0^T \left[U + R \left(I_L (t) \right)^a \right] I_L (t) \mathrm{d}t \qquad (3-6)$$

式（3-6）中，U 为 IGBT 的偏置电压；R 为一动态电阻；a 为待定的常量。

由于通态损耗的变化仅和温度有关，推广通态损耗，它可以推出式（3-7）：

$$P' = \frac{1}{T} \int_0^T \left[U + c_1 T + (R + c_2 T) \left(I_L (t) \right)^a \right] I_L (t) \mathrm{d}t \qquad (3-7)$$

式（3-7）中，T 为结温；c_1、c_2 为与温度有关系的待定常量，可通过大量的测试求出。

（2）开关损耗

对于开通损耗，同样可以通过计算 U_{CE} 和 I_C 得到，但是更加准确的方法是仅将损耗表示成负载电流的关系，表达式如下：

$$E = A \left(I_L (t) \right)^B \qquad (3-8)$$

式（3-8）中，E 为开通损耗的能量；A、B 为待定的常数。

式（3-6）～式（3-8）适用于开通损耗、关断损耗、二极管反向恢复损耗。其中的 U、R、A、B 是通过大量的实验数据拟合求出的，它们都是负载电流的函数。

如果考虑包括不同母线电压对于开通损耗的影响，开通损耗可以表示为：

$$E = A \left(I_L (t) \right)^B \left(\frac{U_{DC}}{U_{base}} \right)^C \qquad (3-9)$$

式（3-9）中，U_{base} 为母线电压的基准值；U_{DC} 为实际的母线电压；C 为待定的电压常数。

待定常数 A、B 在选定母线电压基值时就可以确定，通过改变不同的母线电压可以得到常数 C。

当基值温度选定时候，可以考虑结温。开通损耗可以表示为：

$$E = A \left(I_L (t) \right)^B \left(\frac{U_{DC}}{U_{base}} \right)^C \left(\frac{T}{T_{base}} \right)^D \qquad (3-10)$$

式（3-10）中，T_{base} 为基值结温，例如可选 50℃；D 为结温常数，在 A、B 和 C 确定后

可以得到。

3.2.2.4 基于器件数据手册的估算损耗模型

该方法利用器件的数据手册来建立损耗模型,器件的数据手册由厂家提供。此方法是一种用来估算器件损耗的方法,它通过 IGBT 数据手册上的各种工作曲线和实际的工作条件来估算其实际的工作参数。在估算损耗的时候,首先要从器件的数据手册中查询得到以下的数据:

(1) 在最高结温 T_{jmax} 时,器件的输出特性曲线;

(2) 在最高结温 T_{jmax} 时,开关损耗随集电极电流变化的曲线;

(3) 在最高结温 T_{jmax} 时,开关损耗随栅极电阻变化的曲线;

(4) 集射极间电压随结温变化的曲线;

(5) 开关损耗随结温变化的曲线。

现根据开关损耗随集电极电流的变化曲线关系,给出一例进行分析,如图 3-6 所示。

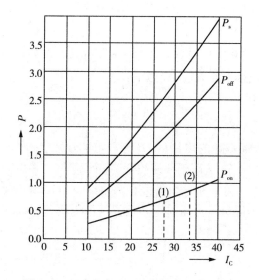

图 3-6　IGBT 在 T_{jmax} 时典型的开关损耗

通过推算来简要分析说明,由图 3-6,利用线性插值的方法,得到开通损耗为:

$$P_{on} = A_{on} I_C + B_{on} \qquad (3-11)$$

式(3-11)中,$A_{on} = \dfrac{\Delta P_{on}}{\Delta I_C} = \dfrac{P_{on(2)} - P_{on(1)}}{I_{C(2)} - I_{C(1)}}$;$B_{on} = P_{on(2)} - A_{on} I_{C(2)}$。

关断损耗为:

$$P_{off} = A_{off} I_C + B_{off} \qquad (3-12)$$

式(3 - 12) 中 ,$A_{off} = \dfrac{\Delta P_{off}}{\Delta I_C} = \dfrac{P_{off(2)} - P_{off(1)}}{I_{C(2)} - I_{C(1)}}$;$B_{off} = P_{off(2)} - A_{off} I_{C(2)}$ 。

这样的方法也还可以考虑栅极电阻、温度等对损耗的影响。

3.2.3　小结

基于物理结构的损耗模型和器件损耗的计算是在器件等效物理模型的基础上,通过对器件内部众多参数的详细分析后进行仿真,根据仿真波形计算得到器件的损耗。

因此如何准确地得到物理模型,从而得到准确的仿真波形是这种模型在应用中最大的难点。同时,器件工作时的损耗与其导通电流、阻断电压、栅极驱动电路等有关,特别是在 PWM 模式下工作的变换器,其工作电压、电流等参数是不断变化的,而通过上述方法很难得到所有工作情况下的电压波形和电流波形。而且,器件功率损耗(包括通态损耗和开关损耗)与其结温也有很大的关系,因而,必须把损耗和结温结合起来考虑,才能得到比较准确的、接近实际的工作点。

基于数学方法的损耗模型和器件损耗的计算以实验为基础,根据实验结果,采用某种算法求出功率损耗与一些参数的函数关系,再依此关系通过多次重复计算求出其他任意工作点的功耗值。这几种模型避免了器件众多参数提取的困难,计算速度快,而且与器件具体型号无关,通用性方面特别好。

3.3　基于器件实验工作波形的损耗模型

基于物理结构的损耗模型的四种损耗计算方法,是在仿真条件下的研究方法,但器件在工作中,仿真中的方法在不同工况下的具体试验中有时很难实现。而四种基于数学方法的损耗模型计算的方法,在计算损耗时,虽然避免了物理模型中器件众多参数的提取,但在考虑器件损耗的影响因素方面作用有限,不能有效地计算出器件损耗的值,且最后计算出的损耗值误差较大。

针对前面器件模型方法的不足,可直接利用器件工作时的实时电压和电流波形来计算器件的损耗。不管何种工况下,器件在工作时,测出器件的工作电压、电流波形,由实验结果,就可根据器件损耗的定义和计算公式采用某种算法求出其功率损耗。

器件工作时,通态过程中电压和电流波形较规律,通态损耗可根据电压和电流的有效值乘积得到。而在开关过程中,电压和电流波形非常不规律,损耗的计算不方便,这给研究器件损耗模型带来了难度,所以在研究损耗模型时重点是开关损耗模型的建立。图 3 - 7 是一个 IGBT 典型的开关波形,其中图 3 - 7(a)为关断瞬间电压和电流波形,图 3-7(b)为开通瞬间电压和电流波形。由此,电压和电流波形的交叠部分的面积就是器件的开通损耗和关断损耗。这个交叠部分是一个非常不规律的图形,很难求出其面积,需要通过积分的方法求解。具体计算中,须采取办法先将波形图转换为数据形式,后按照损耗的计算公式对数据进行计算处理得到损耗功率值。

这种损耗模型建立方法直接根据实验中测出的波形来建立损耗模型和计算损耗值,误差比较小。这个模型也属于一种基于数学方法的损耗模型。本书就用这个思路来进行功率开关器件损耗的研究。

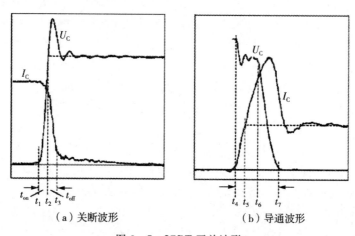

（a）关断波形 （b）导通波形

图 3-7　IGBT 开关波形

3.4　测试原理的介绍

根据 3.3 节的器件损耗模型思路,求 IGBT 工作时的损耗,实际上是 IGBT 工作时,测试其工作电压和电流波形,将波形转化为数据后进行处理计算得到其损耗。取电压和电流的乘积,就可以得到功率损耗的瞬时值,将这个值积分,就可以得到损耗的能量,然后再除以积分的时间可得到损耗功率值,计算公式前面已给出。因而,损耗的计算研究,可归结为器件电压和电流的测量,这两者的准确性直接影响到计算损耗的准确性。

测量开关损耗常用的电路是采用脉冲测试时序的电感性负载电路,如图 3-8 所示。由于电路结构简单并且可以在很短的时间内完成对一个测试点的测量,减少了以开关损耗为主要损耗引起的器件温升在整个测量过程中引起的偏差,因而得到了广泛的应用。

电感性负载电路的结构如图 3-8(a)所示,脉冲测试时序如图 3-8(b)所示。

在 t_0 时刻 IGBT 导通,集电极电流 I_C 开始上升,直到 I_C 上升至所需电流值时(t_1 时刻)栅极电压变低,IGBT 关断,便得到所需要的关断过程的电压和电流波形;t_1 时刻后,电感通过二极管续流,至 t_2 时刻,栅极电压变高,IGBT 再次导通,得到开通过程的电压和电流波形,当电感量足够大,且电感上面的绕线电阻足够小时,可认为此时 IGBT 开通的电流值等于 t_1 时刻关断的电流值;为了屏蔽 IGBT 关断后的电流拖尾和电压振荡,t_1 至 t_2 这段时间必须足够长,但是也不宜过长,否则再次开通时由于回路里面的能量损耗电流下跌会比较大,t_2 时刻后,同样经过很短一段时间后,在 t_3 时刻,IGBT 栅极电压变低,关断时电感再次通过二极管续流,直至电流降为零,整个测试过程结束。

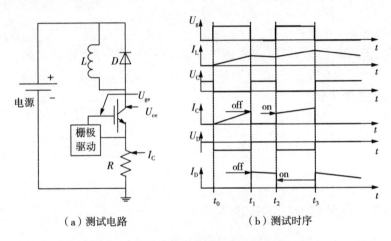

（a）测试电路　　　　　　　（b）测试时序

图 3-8　器件开关特性测试电路及测试时序

3.4.1　电压的测试

电压的测量较为简单,一般来说,直接采用示波器上的电压探头进行测量就可以了。当然,探头的精度及测量的延时会影响到损耗计算的精度。

3.4.2　电流的测试

电流的测试可以有多种方式。

(1)可以在 IGBT 的发射极接串联电阻,然后再通过测取电阻的端电压的方法来测量。设测出电阻上的电压为 U,则器件工作电流为 $I=U/R$,R 为电路中串联的电阻。

直接串电阻进行的测试方法是最简单、直观的,但这种方法有很多问题。首先,串入电阻后,电阻两端会产生电压,这样在接入电阻前后,电路中的电流值肯定会有所改变,必将影响测试的准确性。因此,要求接入的电阻要尽可能的小。其次,在高频工况下,电阻表现的不再是纯电阻性质,它还表现出感性,这对电路的影响会很大,因此,在高频情况下,要求接入的是无感电阻。

(2)采用电流互感器进行测量。测量电流,最好能采用高频无源电流互感器,而不使用磁平衡式电流传感器,因为前者有较好的高频响应,后者速度往往很慢,达不到测试要求。采用这种方法不会影响到主电路的工作状态,但是也存在一些问题。首先,使用互感器进行测试,测试结果是交流量,测出的工作电流还包含直流成分,这就需要对测量所得的电流进行补偿。补偿后,又会引入新的误差。其次,采用电流互感器测试,会有延迟,在低频下,影响不大,但高频工作时,影响很大。再次,采用电流互感器进行测量,还可能使波形产生畸变,对测试精度影响更大。

(3)用电流探头测试电流。这也是简单的方法,从示波器上可以直接读出电流值。但是,示波器上显示的电流值是交流量,并不是实际电路中电流的真实值,还需要进行补偿,如上所述,补偿也会带来准确性的问题。另外,采用电流探头测量也会引入延迟的问题。

3.5　开关损耗的仿真建模

3.5.1　开关损耗的影响因素分析

影响器件开关损耗的因素有很多,如母线电压(U_{CC})、栅极控制电压(U_g)、栅极电阻(R_g)、集电极电流(I_C)、负载电流(I_R)、吸能电路参数(C_S、L_S)、电压变化率(dU/dt)、电流变化率(dI/dt)、结温(T)等,它们对开关损耗都存在不同程度的影响。可由式(3-13)表示:

$$P_{\mathrm{on/off}} = f(U_{CC}, I_C, U_g, R_g, I_R, dU/dt, dI/dt, T, C_S, L_S, \cdots) \qquad (3-13)$$

而其中有些因素之间又相互影响,使得器件损耗特性的研究变得复杂起来。由此可见,要获得开关损耗必须充分考虑各种影响因素,因为它们之间存在着非线性的函数关系。如果改变每一个参数进行实验来获得开关损耗,则实验工作量将非常大。经过理论分析,那些对损耗影响相对较小的因素将不予考虑,而主要考虑下面几个主要参数如母线电压、栅极控制电压、栅极电阻、集电极电流。接下来,将用这几个主要参数的配置来对 IGBT 开关损耗因素进行实验仿真的研究。任何测试电路结构都可以用诸如 PSpice 这样的通用电子电路仿真软件来进行仿真。

实验作为研究功率开关器件损耗的基础,高精度和高可靠的测试平台是建立相应模型的关键。由于测试的次数与模型研究的准确性成一定的正比例关系,而损耗的研究是基于大量的实验测试,因此,需要在考虑模型选择的准确性和测试的次数上有一个度的权衡。

3.5.2 PSpice 仿真软件的介绍

PSpice 是一款电路通用分析程序,是电子设计自动化(Electronic Design Automation,EDA)中的重要组成部分,其主要任务是对电路进行模拟和仿真。该软件的前身是 SPICE(Simulation Program with Integrated Circuit Emphasis),由美国加州大学伯克利分校于 1972 年研发,1988 年被定为美国国家标准。此后各种版本的 SPICE 不断问世,功能也越来越强。进入 20 世纪 90 年代,随着计算机软件的发展,特别是 Windows 操作系统的广泛流行,PSpice 又出现了可在 Windows 环境下运行的 5.1、6.1、6.2、8.0 等版本,也称为窗口版。窗口版 PSpice 采用图形输入方式,操作界面更加直观,分析功能更强,元器件参数库及宏模型库也更加丰富。1998 年 1 月,著名的 EDA 公司、OrCAD 公司与开发 PSpice 软件的 MicroSim 公司强强联合,于 1998 年 11 月推出了 OrCAD/PSpice9 版本,目前最新版本为 17.2 版本。

3.5.3 IGBT 的测试仿真分析

为了分析器件开关损耗的部分影响因素与开关损耗的关系,现举一例验证。

图 3-9 为含有器件 IGBT 的测试电路 PSpice 仿真图,通过改变损耗的影响因素的大小取值,做仿真研究。

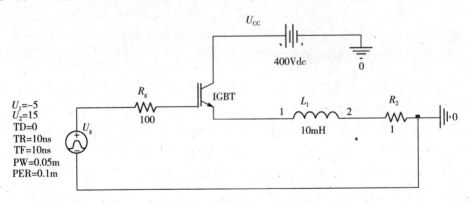

图 3-9 IGBT 的 PSpice 仿真图

IGBT 在 PSpice 中选用型号是 ATP50GF100BN,其主要参数见表 3-1。选择 IGBT 工作频率为 10kHz,在这 PWM 信号(U_g)中一个周期 PER 为 0.1ms;占空比选 50%,脉冲宽度 PWM 设为 0.05ms;一般情况下 PWM 波形设为方波的话,需将其上升时间 TR 和下降时间 TF 设置为远小于周期,都取 10ns,而延迟时间 TD 设置为 0;根据 IGBT 的选择,将产生 PWM 信号的高电压 U_2 设为 +15V,为了确保其可靠关断,设定低电压 U_1 为 $-5V$。栅极电阻取 100Ω,加在 IGBT 的电源为 $+400V$。负载设置为电感性,因为在负载为电感性时,IGBT 在导通或者关断时,使得电感中的电流不会突变,呈缓慢上升或者下降的趋势,这样呈连续状态,容易测试。负载方面,取电感 $L=10mH$、电阻 $R=1\Omega$,由 $10kHz$ 的取值可知,虚部远大于实部,故负载阻抗几乎为纯感性。

表 3-1　IGBT 模型主要参数

参数名称	符　号	数　值
开通时间	t_{on}	$0.85\sim1.7\mu s$
关断时间	t_{off}	$4.75\sim9.15\mu s$
栅-射极电压	U_{gs}	$\pm20V$
输入电容	C_{ies}	$3500\sim4300pF$
输出电容	C_{oes}	$500\sim625pF$
反向传输电容	C_{res}	$150\sim200pF$
最大集-射极电压	U_{CEM}	$1000V$
最大集电极电流	I_{CM}	$100A$

3.6　仿真与结果讨论

3.6.1　影响因素的参数设置

选取母线电压、栅极控制电压、栅极电阻、集电极电流作为开关损耗的主要影响因素的参考对象,随着影响因素取值的改变,在 PSpice 中仿真了 IGBT 在瞬间的开通和关断过程中电压、电流的变化波形。当观察某因素改变对开关损耗的影响时,其他参数各自基准值不变,各影响因素的配置及其基准值见表 3-2。

表 3-2　影响因素的配置及其基准值

参数名称及符号	仿真参数	基准值
母线电压 U_{cc}(V)	200,300,400,500,600	400
栅极控制电压 U_g(V)	15,16,17,18	15
栅极电阻 R_g(Ω)	50,100,150,200,250	150
集电极电流 I_c(A)	10,20,30,40,50	30

3.6.2 仿真波形

下面 4 组图形(图 3 - 10～图 3 - 13)是 IGBT 的某种影响因素在选取不同的值而其他 3 种因素取基准值时,仿真出的瞬间开通和瞬间关断过程中电压波形或电流波形。横坐标表示时间,纵坐标表示电压或者电流。开通或者关断过程的各自时间是对应的,各个波形不是同时获取的,时间轴只是作为改变影响开关损耗的参数值发生变化时,来对比仿真的电压波形和电流波形的不同。

关于这 4 组图的说明和分析,在接下来的波形分析中详细阐述。

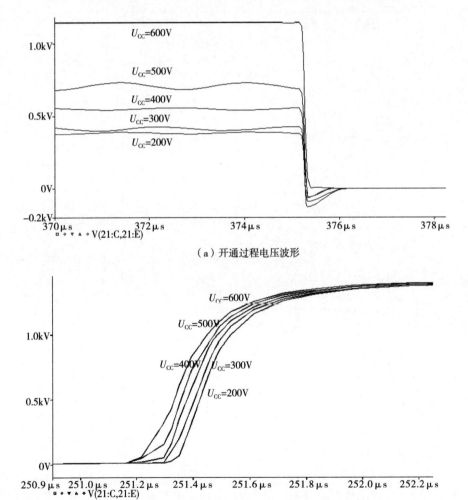

(a) 开通过程电压波形

(b) 关断过程电压波形

图 3 - 10　不同母线电压 U_{CC} 情况下的电压、电流实验波形

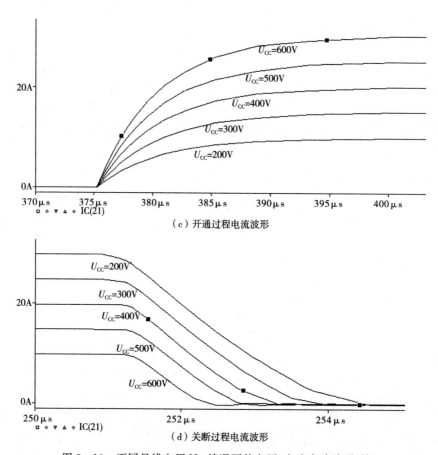

（c）开通过程电流波形

（d）关断过程电流波形

图 3-10　不同母线电压 U_{CC} 情况下的电压、电流实验波形（续）

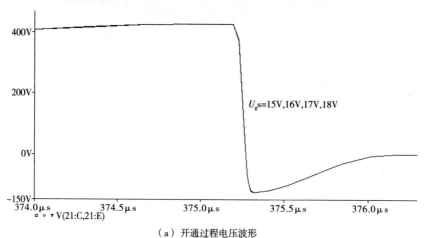

（a）开通过程电压波形

图 3-11　不同栅极控制电压 U_g 情况下的电压、电流实验波形

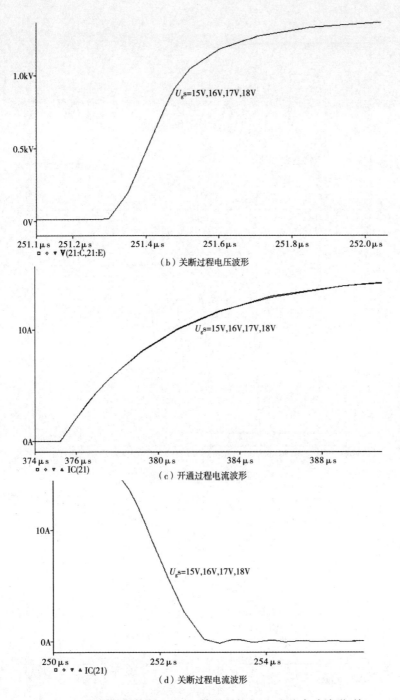

（b）关断过程电压波形

（c）开通过程电流波形

（d）关断过程电流波形

图 3 - 11 不同栅极控制电压 U_g 情况下的电压、电流实验波形（续）

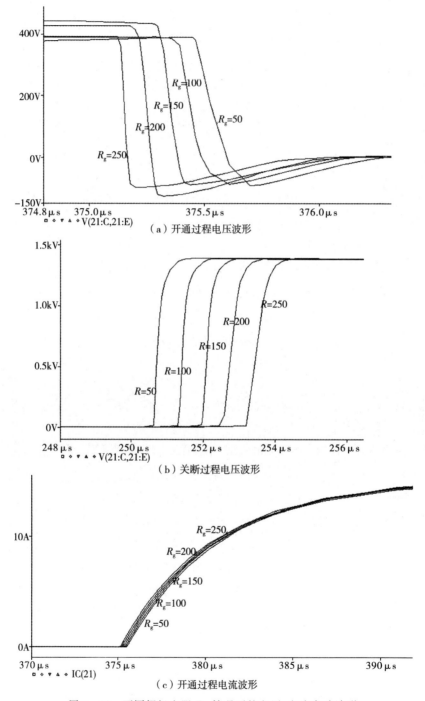

（a）开通过程电压波形

（b）关断过程电压波形

（c）开通过程电流波形

图 3-12　不同栅极电阻 R_g 情况下的电压、电流实验波形

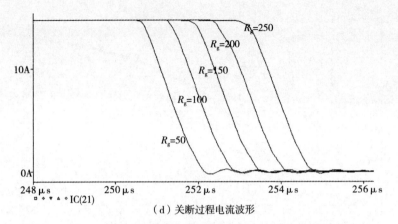

（d）关断过程电流波形

图 3 - 12　不同栅极电阻 R_g 情况下的电压、电流实验波形（续）

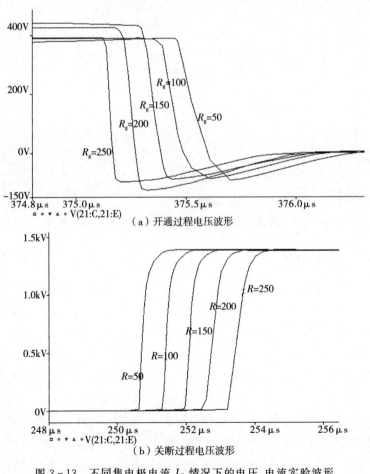

（a）开通过程电压波形

（b）关断过程电压波形

图 3 - 13　不同集电极电流 I_C 情况下的电压、电流实验波形

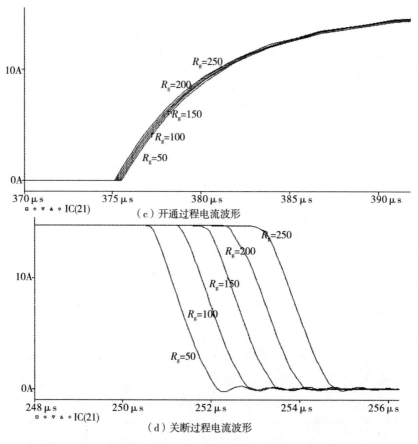

（c）开通过程电流波形

（d）关断过程电流波形

图 3－13　不同集电极电流 I_C 情况下的电压、电流实验波形（续）

3.6.3　波形分析

图 3－10 中，随母线电压的增大，器件开通过程中电压下降变慢、电流上升也变慢，且 ΔU 和 ΔI 两者值都在增大；关断过程的电压上升变慢、电流下降也变慢，导致开通和关断过程中两者的交叠面积都增加，故开关损耗增加。图 3－10(b)中，关断过程中从左到右的 5 个电压波形分别是母线电压 5 个取值 600V、500V、400V、300V、200V 的波形；图 3－10(d)中，对关断过程中电流波形进行了放大处理，是为了便于看出不同母线电压对其的影响，实际上电流波形中的区别没这么突出。

图 3－11 中，随着栅极控制电压的增加，仿真出的开通过程和关断过程的电压、电流波形有细微差别，两者交叠面积差别很小，故可认为栅极控制电压对开关损耗影响微小。另外，由于仿真时间的单位都是微秒，图 3－11 四个图中仿真出的开通和关断过程电压、电流波形曲线仅存在细微差别，波形几乎重合在一起，很难

看清。

图 3 - 12 中,随着栅极电阻的增加,可以看出开通过程电压下降变慢,电流上升也变慢,导致开通过程时间变长,开通损耗增加;关断过程电压上升变慢,电流下降变慢,关断损耗变化需经计算后得出。图 3 - 12(c)中,开通过程中的从左到右的 5 个电流波形分别是栅极电阻 5 个取值 250Ω、200Ω、150Ω、100Ω、50Ω 的波形。

图 3 - 13 中,随着集电极电流的增大,开通过程中电压波形下降变慢而电压值变大、电流波形上升变慢而电流值也增大,且开通时间变长,所以两者交叠面积变大,开通损耗变大;关断过程变慢,电压值和其上升率变大,电流下降率变大,故开关损耗增加。

3.7　本章小结

本章以 IGBT 为例,研究其损耗建模,通过仿真验证了 IGBT 在变换装置高频工作下以开关损耗为主要损耗的测试研究。建模系统可用于计算和预测在一定条件下的器件功率损耗,在实际应用中对其他功率开关器件和散热装置的选择有很大的指导意义。

列举了器件 IGBT 的母线电压、栅极控制电压、栅极电阻、集电极电流为其开关损耗影响因素的对象,随着影响因素取值的改变,在 PSpice 中仿真了 IGBT 在瞬间的开通和关断过程中的电压、电流的变化波形。图 3 - 10～图 3 - 13 分别给出不同测试条件下的 IGBT 的开通和关断过程中电压、电流波形的比较,由于各个波形不是同时获取的,因此图中的时间轴不能作为比较的参考值。从波形形状和时间的相对值来说,可以看出各参数的变化对开通、关断过程中的电压和电流值有一定的影响,验证了这些因素对器件的开关损耗具有影响。除了 IGBT 的栅极控制电压 U_g 以外,其母线电压 U_{cc}、栅极电阻 R_g、集电极电流 I_c 的数值选择与各参数的基准值相比,开通、关断瞬间过程的电压、电流的波形都有明显的差别,故各参数对 IGBT 的开关损耗都具有一定影响。另外,还要考虑功率开关器件在开通与关断动作的瞬间,产生损耗后会转化成热量,而结点温度的不同对开关损耗的测试与研究会产生很大的影响。在仿真中,不同的测试温度下的损耗测试研究无法实现,因此没有做这方面的研究工作。

第4章 开关损耗的测试与计算研究

直接利用器件工作时的实时电压和电流波形来计算器件的损耗,不管何种工况,使用何种型号的器件,当器件工作时,测出器件的工作电压和电流波形,具体计算中,须采取办法将实验结果的波形图转换为数据形式,根据器件损耗的定义和计算公式采用某种算法准确地计算处理得到功率损耗值,然后对这些大量的数据进行拟合,进行建模和分析、总结。这是一种更具实用性和通用性的器件损耗的计算方法。

本章详细介绍了功率开关器件损耗测试的试验平台装置的设计,其是用一个简单的 Buck 斩波电路变换装置作为器件损耗研究的测试平台;接下来,将对 Buck 电路进行设计,介绍元件的使用原理、参数计算以及其选择设计。

4.1 损耗测试的原理

IGBT 工作时的损耗,需要在 IGBT 工作时测出其工作电压和电流波形,将波形转化为数据后进行处理计算得到电压和电流。取电压和电流的乘积,就可以得到功率损耗的瞬时值,将这个值积分,就可以得到损耗的能量,然后再除以积分的时间可得到损耗功率值。因而,损耗的计算研究中,准确地记录 IGBT 的瞬间开通和关断波形是关键。由于 IGBT 的开通和关断的瞬间是微秒级别的,且电压和电流的变化率非常大,这就要求测试设备具有较快的响应速度和较宽的频带。理论分析表明,若采用响应时间为微秒级的互感器,其测量误差可以忽略不计;采用同一响应水平的电压和电流互感器,对损耗计算误差的影响要好于响应时间不同的电压、电流互感器。

电压测试:用示波器观测电压信号时,示波器屏幕上显示的波形即为被测电压的变化波形。测量时,应将灵敏度选择开关"微调 V/div"的"微调"旋钮顺时针转至满度"校准"位置,这样可以按"微调 V/div"的指示值直接计算被测信号的电压值。

电流测试：加电流互感器，测量回路与主电路是完全隔离的。用示波器观测电流互感器输出的电压信号，此时示波器屏幕上显示的波形即为被测电流的变化波形，而电流大小可根据电流互感器的比例和电阻的大小精确算出。

实验的测试部分如图 4-1。

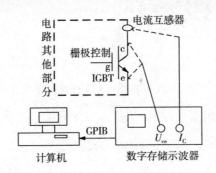

图 4-1　测试系统实验结构图

4.2　测试装置的电路结构

装置硬件由以下几部分构成：单相电源、变压器、单相桥式不控整流器、滤波部分、Buck 主电路结构等，如图 4-2。正常工作时，单相工频电流经整流器整流出脉动直流电，滤波器滤波后，滤除脉动电压分量，成为平滑直流电送到 Buck 斩波的电路。下面将介绍平台装置的各部分。

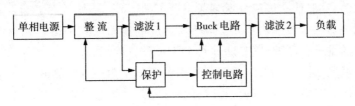

图 4-2　测试装置的构成框图

4.2.1　整流(AC/DC)部分

整流器的作用是把交流电转换为脉动直流电。这里用的是单相桥式不控整流。图 4-3 所示为单相桥式不控整流电路原理图，单相工频电流经变压器隔离后，通过单相桥式不控整流器的输出，经过滤波后的直流电供给 Buck 电路。

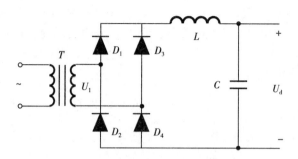

图 4-3　单相桥式不控整流电路图

输出电压的电压平均值 U_d 可以用式（4-1）表示：

$$U_d \approx (1.1 \sim 1.4)U_1 \tag{4-1}$$

式（4-1）中，U_1 为经变压器变压后的输入电压的有效值，一般当 $RC \geqslant \dfrac{3 \sim 5}{2}T$ 时，取 $U_d = 1.2U_1$，T 为交流电源的周期。

4.2.2　滤波部分

由于整流器特别是可控整流器输出波形一般都是脉动很大的电压（尤其是电阻性负载时），为此需要采用平滑滤波器将脉动电压成分减小，使输出直流电压变得平滑一些。

平滑滤波器是一种只允许直流电流（电压）通过，而阻挡交流电流（电压）通过的电路。当然，要使通过平滑滤波以后的电压只有直流成分而丝毫不包含交流成分是做不到的，只能使交流成分达到适当的程度。

平滑滤波器的电路多种多样，但可归纳成电压输入式和电容输入式两大类。其中最典型的是电容滤波、电感滤波和 Γ 型滤波三种，如图 4-4 所示。

电容滤波器如图 4-4(a) 所示，是电容和负载电阻并联组成的滤波电路。电容对交流成分的阻抗极小，对直流成分的阻抗极大，因而电容会将整流电压中的交流成分旁路，使负载电阻 R 上的电压更加平滑。C 越大，充电电流也就越大，输出电压越高。如果负载电阻 R 为无穷大，在负半波时电容不放电，则电容两端电压将达到电源电压的峰值 U_m。如果负载电阻极小，则电容电压放电极快，其输出波形与只有电阻 R 时一样。实际上，电阻不会无穷大，一般也不会很小，因而，输出电压介于两者之间。

电感滤波器如图 4-4(b) 所示。由于负载电阻和电感 L 是串联的，这使得整流后的交流脉动成分大部分都降在电感 L 上（因其交流阻抗 ωL 很大），而直流成分在 L 上的压降则很小（因其直流电阻很小），从而大大减小了输出电压中的脉动成分。从能量观点来看,电感是储能元件,当整流器的输出电压为零或负时,储藏在电感中的磁场能将转变成电场能,有继续维持负载电流不变的趋势,从而使输出电压更加平滑。

电容滤波器适用于直流电压较高、负载电流变动小、输出电流不大的电路,大电容可使整流输出脉动电压变得很平滑,相当于直流电压源;电感滤波器适用于直流电压不很高、输出电流较大、负载变化较大(但不激烈)的情况,电感可使脉动电流变得平滑,输出相当于直流电流源。将二者合并,便构成 Γ 型滤波器,即可适用于任何大小负载的电路。Γ 型滤波器如图 4-4(c)所示。

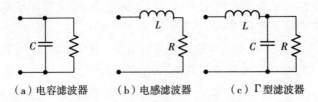

（a）电容滤波器　　（b）电感滤波器　　（c）Γ型滤波器

图 4-4　典型的几种滤波器

另外,在整流电路中使用的滤波电感 L 的作用有三点:使直流电流连续,纹波小;限制超音频电流进入工频电网,起交-直隔离作用;逆变失败时,限制故障电流。

4.2.3　Buck 变换器主电路

Buck 型 DC/DC 变换器是应用比较广泛的电路拓扑形式,其主电路如图 4-5。其基本原理:通过控制开关管 IGBT 的导通与关断,在 LC 滤波器前形成受控的 PWM 矩形脉冲波,经 LC 滤波器滤波后,其输入输出关系为:

$$U_o = DU_d \tag{4-2}$$

式(4-2)中,D 为开关管(Q)控制信号的占空比。

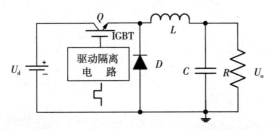

图 4-5　Buck 变换器电路图

电路特点:Q 导通,U_d 向 U_o 供电,多余电能存储在 L 中;Q 关断,L 通过 D 向

U_o 释放储能。

Buck 电路可分为三个主要部分:开关管 Q、续流二极管 D 和储能元件 L、C。滤波器的作用是将滤波器前形成的 PWM 矩形脉冲解调成受 PWM 控制的直流电。因此可认为,在 LC 滤波器前加上受控的 PWM 矩形脉冲,电路就可以完成 Buck 的功能,并且输入输出关系同式(4 - 2),其中 U_d 为受控 PWM 矩形脉冲幅值。

4.2.4　缓冲部分

IGBT 的缓冲电路功能更侧重于开关过程中过电压的吸收与抑制,这是由于 IGBT 的工作频率可以高达 10～50 kHz,因此很小的电路母线寄生电感就可能引起较大的 LdI_c/dt,从而在开关管两端产生过电压,会有电压尖峰,若不采取措施,有时这个电压尖峰叠加原来的电源电压超过管子的安全工作区而使其遭到破坏,危及 IGBT 的安全。开通缓冲电路用于限制开关管导通时的电流上升率 dI/dt,关断缓冲电路用于限制开关管关断时的端电压上升率 dU/dt。

缓冲电路用以控制 IGBT 的尖峰电压,由于缓冲电路的类型和所需元件值极大地取决于功率电路的布局结构,所以必须针对特定的电路设计专用的缓冲电路。在进行 IGBT 缓冲电路设计时,应该注意它与传统的双极晶体管缓冲电路在以下两个方面有区别:

(1)IGBT 具有强大的开关安全工作区,缓冲电路不需要保护抑制伴生达林顿晶体管的二次击穿超限,而只要控制瞬态电压即可。

(2)IGBT 正常工作于比达林顿晶体管高得多的频率范围,在每次开关循环中缓冲电路都要通过 IGBT 放电,这样损耗的功率就比较多。

根据实际的情况选择了如图 4 - 6 所示的缓冲电路,当 IGBT 开通时,C_s 经快速恢复二极管 D_s 充电,D_s 可以箝住瞬变电压,抑制 dU/dt;当器件开通前,C_s 经电源和 R_s 释放电荷,同时有部分能量得到反馈。

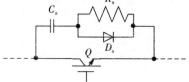

图 4 - 6　IGBT 的缓冲电路

4.2.5　驱动电路及保护

由于功率开关器件 IGBT 是电压控制型器件,因此只要控制 IGBT 的栅极电压就可以使其开通或关断,并且开通时维持比较低的通态压降。研究表明,IGBT 的安全工作区和开关特性随驱动电路的改变而变化。因此,为了保证 IGBT 可靠工作,驱动保护电路至关重要。

IGBT 的驱动条件与 IGBT 的特性密切相关。设计栅极驱动电路时,应特别注意开通特性、负载短路能力和 dU/dt 引起的误触发等问题。正偏置电压 U_{GE} 增加,通态电压下降,开通损耗也下降。若正偏置电压 U_{GE} 固定不变时,导通电压将随集电极电流增大而增高,开通损耗将随结温升高而升高。负偏电压 $-U_{GE}$ 直接影响 IGBT 的可靠运行,负偏电压增高时集电极浪涌电流明显下降,对关断能耗无显著影响。栅极电阻 R_g 增加,将使 IGBT 的开通与关断时间增加,因而使开通与关断能耗均增加。而栅极电阻减少,又使 dI/dt 增大,可能会引发 IGBT 误导通,同时 R_g 上的损耗也有所增加。

由上述不难得知,IGBT 的特性随栅极驱动条件的变化而变化。但我们应将更多的注意力放在 IGBT 的开通、短路负载容量上。对驱动电路的要求可归纳如下:

(1)IGBT 是电压驱动的,具有一个 2.5～5V 的阈值电压,有一个电容性输入阻抗,因此 IGBT 对栅极电荷非常敏感,故驱动电路必须很可靠,要保证有一条低阻抗值的放电回路,即驱动电路与 IGBT 的连线要尽量短。

(2)用内阻小的驱动源对栅极电容充放电,以保证栅极控制电压 U_{GE} 有足够陡的前后沿,提高栅极充电放电速度,从而提高逆变主回路和控制电路的开关速度,使 IGBT 的开关损耗尽量小。另外,IGBT 开通后,栅极驱动源应能提供足够的功率,使 IGBT 不退出饱和而损坏。

(3)驱动电路要能传送几十千赫的脉冲信号。

(4)驱动电平 U_{GE} 也必须综合考虑。U_{GE} 增大时,IGBT 通态压降和开通损耗均下降,但负载短路时流过 IGBT 的电流增大,IGBT 能承受短路电流的时间减小,对其安全不利,因此,在有短路过程的设备中,U_{GE} 应选得小一些, 一般选 12～15V,现取 15V。

(5)在关断过程中,为尽快抽取 PNP 管的存储电荷,须施加一负偏压 $-U_{GE}$,但受 IGBT 的 G、E 间最大反向耐压限制,一般取 -10～-1V,现取 -5V。

(6)在大电感负载下,IGBT 的开关时间不能太短,以限制 dI/dt 形成的尖峰电压,确保 IGBT 的安全。

(7)由于 IGBT 在电力电子设备中多用于高压场合,故驱动电路与控制电路在电位上应严格隔离。

(8)IGBT 的栅极驱动电路应尽可能简单实用,最好自身带有对 IGBT 的保护功能,有较强的抗干扰能力,因为 IGBT 的工作频率与输入阻抗高,易受干扰。

本实验选用富士公司生产的混合 IC 驱动器 EXB840。图 4-7 是 EXB840 的内部结构图,由放大部分、过电流保护部分以及 5V 基准电压三部分组成。

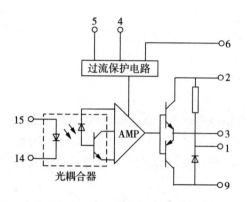

图 4-7　EXB840 内部结构图

　　EXB840 高速驱动模块为 15 脚单列直插式结构,采用高隔离电压光耦合器作为信号隔离,内部结构图如图 4-7 所示,其工作频率可达 40kHz,可以驱动 400A/600V 以内及 300A/1200V 的 IGBT 管,其隔离电压可达 2500V/min 的动态电压(电压上升率),工作电源为独立电源,为 20V±1V,内部含有－5V 稳压电路,为 IGBT 的栅极提供 15V 的驱动电压,关断时提供－5V 的偏置电压,使其可靠关断。当脚 15 和脚 14 有 10mA 电流通过时,脚 3 输出高电平而使 IGBT 在 1μs 内导通;而当脚 15 和脚 14 无电流通过时,脚 3 输出低电平使 IGBT 关断;若 IGBT 导通时因承受短路电流而退出饱和,U_{GE} 迅速上升,脚 6 悬空,脚 3 电位在短路后约 3.5μs 后才开始软降。各脚码作用如表 4-1 所示。

表 4-1　EXB840 的各脚码作用

脚　码	说　明
1	连接用于反向偏置电源的滤波电容
2	电源(20V)
3	驱动输出
4	用于连接外部电容,以防止过流保护误动作 (绝大部分场合不需要电容)
5	过流保护输出
6	集电极电压监视
7、8	不接(NC)
9	电源(0V)
10、11	不接(NC)
14	驱动信号输入(－)
15	驱动信号输入(＋)

　　与前述的 IGBT 驱动条件和保护策略相对照，EXB840 是充分考虑 IGBT 的特点，吸取 IGBT 的全部优点而开发的，电路简单实用。它有如下特点：

　　(1)模块仅需单电源 20V 供电，它通过内部 5V 稳压管为 IGBT 提供了 15V 和 −5V 的电压，既满足了 IGBT 的驱动条件，又简化了电路，为整个系统设计提供了很大的方便。

　　(2)输入采用高速光耦隔离电路，既满足了隔离和快速的要求，又在很大程度上使电路结构简化，可隔离高达 2500V/min 的电压上升率。

　　(3)通过精心设计，将过流时降低 U_{GE} 与慢关断技术综合考虑，一旦电路检测到短路后，要延迟约 $1.5\mu s$ 后 U_{GE} 才开始降低，再过约 $8\mu s$ 后 U_{GE} 才降低到 0V。在这 $10\mu s$ 左右的时间内，如果短路现象消失，U_{GE} 会逐步恢复到正常值，一般时间较长。过电流保护的处理采用了软关断方式，因此主电路的 dU/dt 小了许多，这对 IGBT 的使用较为有利。

　　(4)高速工作时可用于驱动最高达 40kHz 开关频率工作的 IGBT。

　　(5)高密度安装的单列直插式(SIL)封装，简单、安全、可靠。

　　(6)驱动芯片内集成了功率放大电路，这在一定程度上提高了驱动电路的抗干扰能力。

　　使用 EXB840 驱动器应注意的问题：

　　(1)输入与输出电路应分开，即输入电路(光耦合器)接线远离输出电路，以保证有适当的绝缘强度和高的噪音阻抗。

　　(2)使用时不应超过使用手册中给出的额定参数值。如果按照推荐的运行条件工作，IGBT 工作情况最佳。如果使用过高的驱动电压会损坏 IGBT，而不足的驱动电压又会增加 IGBT 的通态压降。过大的输入电流会增加驱动电路的信号延迟，而不足的输入电流会增加 IGBT 和二极管的开关噪声。

　　(3)IGBT 的栅、射极回路的接线长度一定要小于 1m，且应使用双绞线。

　　(4)增大 IGBT 的栅极串联电阻 R_g，可以抑制 IGBT 集电极产生大的电压尖脉冲。

　　本实验所设计的驱动电路是以 EXB840 为主的隔离驱动，驱动电路的 20V 直流电源由单板电源提供，直流电源相互隔离，直流电的品质很好，用泰克 Tektronix 示波器 TDS 1002B 观察，看不出波动。栅极串联电阻 R_g 为 100Ω，EXB840 输入电流为 10mA。EXB840 过电流保护输出引脚与集电极之间的二极管为快速恢复二极管。驱动电路输出到 IGBT 的正向偏置电压为 15V，反向关断电压为 −5V。

　　驱动电路的输入 PWM 信号由数字信号处理器(Digital Signal Processor，DSP)产生，当发生过载或短路时，保护信号引脚通过光耦隔离到 TMS320LF2407 的专门为功率变换电路快速保护而设计的 PDPINTx 中断脚，控制程序对驱动信号进行封锁，使其皆为低电平，故 IGBT 处于关断状态。

4.3　控制电路设计及其软件实现

IGBT 广泛采用 EXB840 专用芯片来驱动,特定的芯片本身不可编程,可控性较差,难以扩展,不易升级维修,同时芯片为模拟型芯片,具有模拟电路难以克服的由温漂和老化所引起的误差,无法保证系统始终具有高精度和可靠性。随着数字控制技术的日益成熟,常用单片机来对装置进行控制。由于在本设计中,需要一个微处理器来集中快速实现高频、高压等功能,这就对微处理器的运算速度和控制功能提出了很高的要求,常用的单片机由于其通道数目和运算速度的限制难以满足系统,因而在设计中,根据实际情况选用 DSP 作为电源的控制核心。

PWM 产生是基于 ICETEK - 5100USB V2.0A 型号的仿真器,采用的 DSP 是 TI 公司的 TMS320LF2407,对设计主电路实现了控制,提高了输出电压的精度和稳定度。控制算法通过软件编程使得系统升级方便,也便于用户根据各自的需要灵活地选择不同的控制功能。

4.3.1　TMS320LF2407 的简要介绍

采用 TMS320LF2407A DSP 控制板作为核心控制器件。LF2407A 是 TI 公司推出的面向机电控制领域的 TMS320C2000 系列中的一员。LF2407A 控制器是专为基于控制的应用而设计的。它将高性能的 DSP 内核和丰富的微控制器的外设集成于单片中,使得 LF2407A DSP 控制器与传统 16 位微控制器和微处理器相比性价比更高。其体系结构专为实时信号处理而设计,将实时处理能力和控制器外设功能集于一身,为控制系统应用提供了一个理想的解决方案。TMS320LF2407A DSP 芯片处理数据的能力很强,可以高速完成各项复杂工作。

TMS320LF2407A DSP 有以下一些特点:

(1)采用高性能静态互补金属氧化物半导体(Complementary Metal Oxide Semiconductor,CMOS)技术,使得供电电压降为 3.3V,减小了控制器的功耗,30MIPS 的执行速度使得指令周期缩短到 33ns,从而提高了控制器的实时控制能力。

(2)采用基于 TMS320C2xx DSP 的 CPU 内核,保证了 TMS320LF2407A DSP 的代码和 TMS320C2000 系列 DSP 代码的兼容。

(3)片内有高达 32K 的 FLASH 程序存储器,544 字双口 RAM(DARAM)和 2K 的单口 RAM(SARAM)。

(4)两个事件管理器模块 EVA 和 EVB,每个包括 2 个 16 位通用定时器、8 个

16 位的 PWM 通道。它们能够实现：三相反相器控制；PWM 的对称和非对称波形；当外部引脚 $\overline{PDPINTx}$ 出现低电平时快速关闭 PWM 通道；可编程的 PWM 死区控制以防止上下桥臂同时输出触发脉冲；3 个捕获单元；片内光电编码器接口电路；16 通道 A/D 转换器。事件管理器模块适用于控制交流感应电动机、无刷直流电动机、开关磁阻电动机、步进电动机、多级电动机和逆变器。

（5）可扩展的外部存储器总共 192K 空间：64K 程序存储器空间；64K 数据存储器空间；64K I/O 空间。10 位 A/D 转换器最小转换时间为 375ns，可选择由两个事件管理器来触发两个 8 通道输入 A/D 或一个 16 通道输入的 A/D 转换器。

（6）控制器局域网络模块，完全支持（CAN）2.B 协议，拥有 6 个邮箱、可编程的位定时器、中断配置可编程、总线错误诊断功能、自测试模式等。串行通信接口（Serial Communication Interface, SCI）模块，波特率可编程，具有奇偶错、超时、帧出错或间断等 4 种错误检测，全双工或半双工操作等。

（7）16 位的串行外设接口（Serial Peripheral Interface, SPI）接口模块，允许长度可编程的串行位流（1～16 位）以可编程的位传输速度移入或移出器件。高达 40 个可编程或复用的通用输入/输出引脚（GPIO），5 个外部中断（两个电动机驱动保护、复位和两个可屏蔽中断）。电源管理包括三种低功耗模式，并且能独立将外设器件转入低功耗模式。

正是因为 DSP 具有以上特点，所以它得到了广泛的应用。

4.3.2　开关管驱动器的控制程序

驱动是 DC/DC 中开关管 IGBT 的驱动，因 DSP 端口产生的 PWM 信号功率很小，不能用于直接驱动开关管。开关管的驱动由开关管驱动器提供脉冲信号进行驱动，通过 DSP 产生的 PWM 信号对驱动器进行控制，然后再由驱动器提供驱动信号对开关管进行控制。这里采用取富士公司的 EXB840 对开关管进行驱动。PWM 的发生原理如图 4-8 所示。

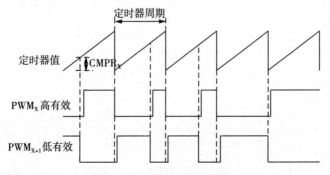

图 4-8　PWM 的发生原理图

　　将定时器设置为连续增计数模式。通用定时器的周期寄存器 TxPR 中装入所需 PWM 载波周期的值。定时器从 0 开始递增计数到周期值,然后重新从 0 开始计数,如此反复。DSP 程序中设定一个比较值 CMPRx,当定时器的计数值和比较值相等时,设定为高有效的 PWM 口输出高电平,以及低有效的 PWM 口输出低电平;当定时器计数到周期值时,高有效的一路输出低电平,低有效的一路输出高电平,这样就产生了两路互补的 PWM 信号。

　　通用定时器启动后,比较寄存器在每个 PWM 周期中可重新写入新的比较值,以调整用于控制功率器件的导通和关断时间的 PWM 输出的宽度(即占空比发生变化)。PWM 波的发生原理图如图 4-8 所示,为非对称 PWM,即高频载波为锯齿波。

　　通过设置 PWM 信号的参数可以改变开关管的频率、占空比和整流电路的输出电压大小。由 DSP 产生的 PWM 信号对驱动器进行控制,然后驱动器再根据信号特性对开关管进行驱动,从而控制开关管的开通和关断。TMS320LF2407A DSP 有专门的单元来实现 PWM 波的输出。本实验中,器件 IGBT 的栅极驱动流程图如图 4-9 所示。

　　下面是 PWM 信号产生的驱动程序说明:

图 4-9　IGBT 驱动流程图

```
# include "regs240x.h"
void inline disable ( )
{
  asm("setc INTM");          /* 关中断 */
}

int initial ( )
{
  asm("setcSXM");            /* 符号位扩展有效 */
  asm("clrcOVM");            /* 累加器中结果正常溢出 */
  asm("clrcCNF");            /* B0 被配置为数据存储空间 */
  WDCR = 0x6f;
  WDKEY = 0x5555;
  WDKEY = 0xaaaa;            /* 关闭看门狗中断 */
  SCSR1 = 0x81fe;            /* DSP 工作在 40MHz */
  IMR = 0;                   /* 屏蔽所有可屏蔽中断 */
  IFR = 0x0ffff;             /* 清除中断标志 */
```

```
  uWork = WSGR;                  /* I/O 引脚 0 等待 */
  uWork& = 0x0fe3f;
  WSGR = uWork;


}


int PWM initial( )
{
  MCRA = MCRA|0x040;             /* IOPA6 被配置为基本功能方式,PWM1 */
  ACTRA = 0x01;                  /* PWM1 低有效 */
  DBTCONA = 0x00;                /* 不使能死区控制 */
  CMPR1 = X * T1PER;             /* X 代表不同占空比的值(0.5～ 0.9) */
  T1PER = 0x7CF;                 /* 设置定时器 1 的周期寄存器 */
  COMCONA = 0x8200;              /* 使能比较操作 */
  T1CON = 0x1000;                /* 定时器 1 为连续增计数模式 */
  T2CON = 0x1702;
  }


main( )
{
  unsigned int uWork;
  disable ( );
  initial ( );
  PWM initial ( );
  T1CON = T1CON|0x0040;  /*启动定时器 1 */
  T2CON = T2CON | 0x0040;
    while (1)
    {
    if (T2PER = = N * T1PER)  break ;  /* N 为周期数 */
    }
}
```

4.4　Buck 电路的主要参数设计

4.4.1　纹波的提出

采用开关控制的 DC/DC 变换器,在开关控制过程中,输出的电压和电流都会有微小的变化,因而输出并非理想的直流电源,这种变化称为纹波。如图 4-10 所示,输

出由直流成分 U 和交流纹波 U_r 组成。由于 U_r 的幅度相对于 U 很小,所以,为了研究的简便,当其值小于 $0.5\%U$ 时,输出电压中的纹波 U_r 可以被忽略,即 $U_o = U$。

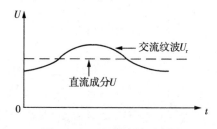

图 4 - 10　含纹波的示意图

在图 4 - 11 中,定义 $0 \sim DT$ 连接为状态 1,$DT \sim T$ 连接为状态 2。考察两个状态下,L 两端的电压。

状态 1:
$$U_{L1} = U_d - U_o \tag{4-3}$$

状态 2:
$$U_{L2} = -U_o \tag{4-4}$$

L 两端的电压和电流有如下的关系式:

$$U_L = L\frac{\mathrm{d}I_L(t)}{\mathrm{d}t} \tag{4-5}$$

因而,采用忽略纹波近似,电感中电流变化如图 4 - 11 所示。

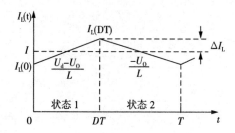

图 4 - 11　Buck 电路中 L 的电流变化图

4.4.2　L 值的选取和分析

对电感 L,由电压平衡:

$$U_L = L\frac{\mathrm{d}I_L(t)}{\mathrm{d}t} \tag{4-6}$$

对式(4 - 6)两边积分,得:

$$I_L(T) - I_L(0) = \frac{1}{L} \int_0^T U_L(t)\,\mathrm{d}t \qquad (4-7)$$

稳态时,在一个开关周期前后,电感中的电流是保持不变的,故:

$$\int_0^T U_L(t)\,\mathrm{d}t = 0 \qquad (4-8)$$

若 PWM 控制信号的占空比为 $D(0 < D < 1)$,可得:

$$U_{L1}D = U_{L2}(1-D) \qquad (4-9)$$

从式(4-10)可以看出,L 中的电流摆幅为:

$$\Delta I_L = \frac{U_o}{2L}(1-D)T \qquad (4-10)$$

进而可以得到:

$$L = \frac{U_o}{2\Delta I_L}(1-D)T \qquad (4-11)$$

式中,T 为一个周期时间;D 为占空比。

　　由式(4-11),通常根据所能容忍的 L 中的电流变化幅度来确定 L 的大小。按经验工程算法,一般选取输出滤波电感的脉动值为最大输出电流的 20%,当输出电流为 1/2 的脉动值时,输出滤波电感的电流会保持连续状态。

　　由此,可推算出 I_{min} 的大小为:

$$I_{min} = \frac{1}{2} \times 20\% \times I_o \qquad (4-12)$$

式(4-12)中,I_o 为负载电流,为了满足电流连续的条件,负载电流应有一个最小值 I_{min},其必须不能小于 L 中的电流变化幅度,即

$$I_{min} \geqslant \Delta I_L \qquad (4-13)$$

　　此时,把式(4-12)和式(4-13)代入式(4-11),可求出滤波电感 L 为:

$$L \geqslant \frac{U_o}{2 \times 0.1 I_o}(1-D)T \qquad (4-14)$$

　　L 中的电流值 $I_L(t)$ 包括直流成分 I 和幅度为 ΔI_L 的线性纹波,$I_L(t)$ 等于负载电阻电流和电容电流之和。所有的直流成分 I 都是通过电阻的,电容上没有直流成分;而绝大部分的交流成分通过电容,只有少量流过电阻。

4.4.3　C 值的选取和分析

　　对电容 C,由电容充电平衡,稳态时,在一个开关周期前后,电容上的电荷量保

持不变,故有:

$$\int_0^T I_C(t)\,\mathrm{d}t = 0 \qquad\qquad (4-15)$$

同理有:

$$I_{C1}D = I_{C2}(1-D) \qquad\qquad (4-16)$$

式(4-16)中,I_{C1}、I_{C2} 分别为两个状态下电容的电流值。

在一个周期内,电容所储存和释放的电荷为:

$$Q = C\Delta U \qquad\qquad (4-17)$$

ΔU 是输出电压的纹波电压。根据 L 电流的变化,有:

$$Q = \frac{1}{2}\Delta I_L \frac{T}{2} \qquad\qquad (4-18)$$

由式(4-16)、式(4-17)及式(4-10),可以推出:

$$\Delta U = \frac{U_o}{8LC}(1-D)T^2 \qquad\qquad (4-19)$$

即电压纹波为:

$$\frac{\Delta U}{U_o} = \frac{1}{8LC}(1-D)T^2 \qquad\qquad (4-20)$$

LC 滤波器的截止频率为:

$$f_c = \frac{1}{2\pi\sqrt{LC}} \qquad\qquad (4-21)$$

由式(4-19)~式(4-21)可知:

$$\frac{\Delta U_o}{U_o} = \frac{\pi^2}{2}\left(\frac{f_c}{f}\right)^2(1-D) \qquad\qquad (4-22)$$

可以进一步推出:

$$f_c = \frac{f}{\pi}\sqrt{2\frac{\Delta U}{U_o}\Big/(1-D)} \qquad\qquad (4-23)$$

由式(4-21)可求出电容 C 为:

$$C = \frac{1}{4\pi^2 L f_c^2} \qquad\qquad (4-24)$$

电容实际的取值要比式(4-24)中计算的结果稍大。选取 L 和 C,将其代入式 (4-22)后,判断纹波的大小,一般设计系统时,实际要求纹波不大于1%。

4.4.4　缓冲电路的设计

根据实际的情况选择了如图4-6所示的缓冲电路。

如果母线上的寄生电感为 L_p,工作电流为 I_o,缓冲后的电压尖峰为 U_{ce},则缓冲电容 C_s 用来吸收寄生电感上的能量,可得:

$$\frac{1}{2}L_p I_o^2 = \frac{1}{2}C_s(\Delta U_{ce})^2 \qquad (4-25)$$

同时该缓冲电路的 RC 乘积的值为时间常数,假设三倍的时间常数可以使电容在每次的导通时间中放完电,应该设为该开关周期导通时间的 $1/3$,即 $DT/3$。C_s 的具体值是根据所选用的 IGBT 类型进行选择的,根据 IGBT 使用手册,选择推荐的 $C_s = 1\mu F$。R_s 的值则是由式(4-26)决定:

$$\tau = R_s C_s = \frac{t_{on}}{3} = \frac{D}{3f} \Rightarrow R_s = \frac{D}{3f C_s} \qquad (4-26)$$

式(4-26)中,f 为 IGBT 的开关频率。

具体的实验平台装置图如图4-12所示,由示波器测出器件的工作电压和电流波形后,转化为数据形式保存到计算机,用于后面 IGBT 损耗的计算研究。

图4-12　损耗测试的实验平台装置

4.5 器件损耗功率的计算

由图 4-5、图 4-6,设 Buck 测试电路参考设计为:开关频率 $f=10\text{kHz}$,占空比 $D=0.5$,输入电压 $U_d=200\text{V}$,负载电阻 $R=50\Omega$,栅极串联电阻 $R_g=100\Omega$,栅极控制电压 $U_{gs}=15\text{V}$,要求纹波不大于 1%。

4.5.1 测试电路中元件的计算和影响因素的取值

根据式(4-14)、式(4-24)、式(4-25)及式(4-26),求出测试电路滤波元件和缓冲元件的值为:$L=15\text{mH}$,$C=50\mu\text{F}$,$C_s=1\mu\text{F}$,$R_s=16.7\Omega$。经计算后,纹波为 0.83%,符合设计要求。

选取占空比、开关频率、母线电压、栅极串联电阻、负载电阻这 5 个对功率开关器件的损耗有影响的参数进行不同的取值,进行损耗功率的计算。

(1)当开关频率 f 变化时,其他值不变,f 分别取值为 10kHz、15kHz、20kHz、25kHz、30kHz。

(2)当占空比 D 变化时,其他值不变,D 分别取值 0.5、0.6、0.7、0.8、0.9。

(3)输入电压 U_d 变化时,其他值不变,U_d 分别取值为 100V、150V、200V、250V、300V。

(4)栅极串联电阻 R_g 变化时,其他值不变,R_g 分别取值为 60Ω、80Ω、100Ω、120Ω、140Ω。

(5)负载电阻 R 变化时,其他值不变,R 分别取值 50Ω、60Ω、70Ω、80Ω、100Ω。

当开关频率 f 变化时,为了让缓冲电路起更好的作用,需要根据式(4-25)改变缓冲电阻 R_s 的值,相应值分别为 16.7Ω、11.1Ω、8.3Ω、6.7Ω、5.6Ω。

4.5.2 测试电路中器件 IGBT 的工作波形

按照 5 种器件损耗影响因素的参数取值,总有 21 种情况,实验测出的 IGBT 工作时的集-射极电压波形和集电极电流波形,这里不一一列出。现给出测试装置的参考设计的波形($f=10\text{kHz}$,$D=0.5$,$U_d=200\text{V}$,$R_g=50\Omega$,$R=100\Omega$),如图4-13 所示。

图 4-13 中,波形 1 为电压波形,高压探头 20.0V 表示"200V/格";波形 2 为电流波形,10mV/A。

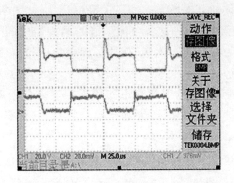

图 4 - 13 IGBT 工作时的实验电压和电流波形

4.5.3 损耗功率的计算算法介绍

根据器件损耗测试的实验平台装置,如图 4 - 12,用示波器测量出 IGBT 的工作电压和电流波形后,如图 4 - 13,转化成可计算损耗功率所需要器件工作时的集-射间电压瞬时值和流过集电极电流瞬间值的数据文件。根据损耗的计算式(2 - 1)~式(2 - 5),选择合适的算法进行编程,再代入数据文件进行数值计算,求出器件的各项损耗值。器件 IGBT 功率损耗的计算程序流程图如图 4 - 14 所示。

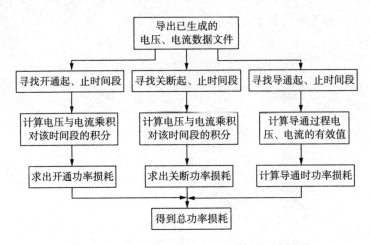

图 4 - 14 器件 IGBT 损耗功率的计算程序流程图

在算法编程中,由波形图定义出功率开关器件的各时间段的开通、通态及关断区间,即有关积分的区间,以电流值为基准,取所选定区间内的电流值和电压值,以一定的步长进行积分计算,可求出损耗功率的值。

各积分时间段的选取思路:以一个周期为对象,开通时间 t_{on} 的开通起、止时间点是以集电极电流 I_C 从 0 上升至集电极电流 I_C 幅值的最大值 I_{CM} 的 90% 为止,这段电流上升时间为器件的开通所需时间。关断时间 t_{off} 的关断起、止时间是以集电极电流 I_C 从 I_{CM} 下降至 $10\%I_{CM}$ 这段电流下降时间为器件的关断所需时间。而在这二者中间的时间段为器件通态工作的时间,即由集电极电流 $90\%I_{CM}$ 至 I_{CM} 为通态时间的起、止时间点。

为了增加计算的准确性,考虑到在不同周期内器件的损耗功率值可能会有细微差别,程序中,可以选取 N 个周期来进行数据计算,然后各自值除以 N,得到一个周期的值,增加损耗计算的准确性。

功率开关器件的功率损耗的计算程序如下:

```
double CXxgView::Pon(int n,int m,double non[ ],double non1[ ],double max,double on-
time)
    {
    // non 为电压、电流的采样值及其对应时间,n 为数组长度
    // non1 为积分段数据,m 为数组长度
    // max 最大电流值
    // ontime 开通开始时间
    //以最大电流的 90% 为阈值,搜寻开通时间点
    max = max * 0.9;
    int t = 0;
    for(int i = 0; i < n; i++)
    {
      if(non[i] >= max)
      {
        // 记录数组中的位置
        t = i;
        // 跳出循环
        i = n;
      }
      i += 2;
    }
    //开通时间段
    double Ton = non[t+2] - ontime;
    //计算积分段长度
    double time = Ton / m;
    //近似计算开通时间段总能量
    double sum = 0;
    for(i = 0; i < m; i++)
    {
```

```
        sum + = non1[i] * non1[i+1];
        i + + ;
    }
    sum = sum * time;
    //开通平均功率
    double pon = sum / Ton;
    return pon;
    }
    double CXxgView::Poff(int n, int m, double noff[], double noff1[], double max, double
offtime)
    {
    // noff 为电压、电流的采样值及其对应时间,n 为数组长度
    // noff1 为积分段数据,m 为数组长度
    // max 最大电流值
    // offtime 关断开始时间
    //以最大电流的 10% 为阈值,搜寻关断时间点
    double min = max * 0.1;
    int t = 0;
    for(int i = 0; i < n; i + + )
    {
        if(noff[i] < = min)
        {
            // 记录数组中的位置
            t = i;
            // 跳出循坏
            i = n;
        }
        i + = 2;
    }
    //关断时间段
    double Toff = noff[t + 2] - offtime;
    //计算积分段长度
    double time = Toff / m;
    //近似计算关断时间段总能量
    double sum = 0;
    for(i = 0; i < m; i + + )
    {
        sum + = noff1[i] * noff1[i+1];
```

```
        i+ +;
    }
sum = sum * time;
    //关断平均功率
    double poff = sum / Toff;
    return poff;
}
void CXxgView::Initialize(double * non,double * non1,double * noff,double * noff1,
double * max,double * ontime,double * offtime,double * I,double * U)
{
    non[0]   = 开通间的电流、电压、时间的数据；
    non1[0]  = 开通器件的粗积分数据(电流和电压)；
    noff[0]  = 关断间的电流、电压、时间的数据；
    noff1[0] = 关断期间的粗积分数据(电流和电压)；
    * max     = 电流的最大值；
    * ontime  = 开通最初时间；
    * offtime = 关断最初时间；
    * I       = 通态平均电流；
    * U       = 通态平均电压；
}
void CXxgView::main ( )
{
    double non[15],non1[6],noff[15],noff1[4],max,ontime,offtime,P,I,U,pon,poff,pt;
    Initialize(non,non1,noff,noff1,&max,&ontime,&offtime,&I,&U);
    pon = Pon(5,3,non,non1,max,ontime);
    poff = Poff(5,2,noff,noff1,max,offtime) ;
    pt = U * I;
    P = pon + poff + pt;
    int a = 0;
}
```

4.5.4 损耗功率的计算结果

选取占空比、开关频率、母线电压、栅极串联电阻、负载电阻这 5 个对 IGBT 功率损耗有影响的参数进行不同的取值(当某参数改变时,其他参数值不变),进行损耗功率的计算。

4.5.4.1 开关频率 f 变化的不同取值

按照上述功率开关器件的功率损耗计算程序来处理有关的电压和电流数据,

计算出 IGBT 开通损耗、关断损耗、通态损耗、总损耗功率值,如表 4-2 所示。

表 4-2　开关频率变化时,各损耗功率值(W)

f(kHz)	开通损耗	关断损耗	通态损耗	总损耗
10	27.26	241.81	22.37	291.44
15	50.05	389.01	23.12	462.18
20	78.23	523.63	24.36	626.22
25	108.61	651.77	26.13	786.51
30	143.32	818.62	28.30	990.24

由以上数据,可以拟合出开关频率与各损耗功率值的曲线图,如图 4-15 所示。

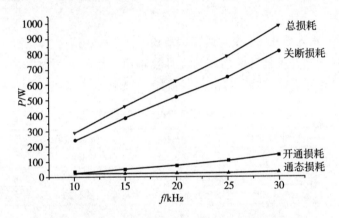

图 4-15　开关频率与各损耗功率的曲线图

4.5.4.2　占空比 D 变化的不同取值

按照上述功率开关器件的功率损耗计算程序来处理有关的电压和电流数据,计算出 IGBT 开通损耗、关断损耗、通态损耗、总损耗功率值,如表 4-3 所示。

表 4-3　占空比变化时,各损耗功率值(W)

D	开通损耗	关断损耗	通态损耗	总损耗
0.5	27.26	241.81	22.37	291.44
0.6	33.81	208.71	24.12	266.64
0.7	37.82	172.67	26.91	234.40
0.8	40.93	146.36	27.48	214.77
0.9	46.32	133.25	28.82	208.39

由以上数据,可以拟合出占空比与各损耗功率值的曲线图,如图4－16所示。

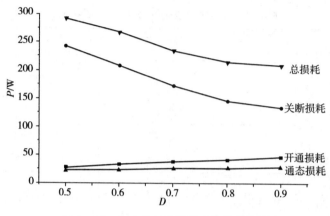

图4－16　占空比与各损耗功率的曲线图

4.5.4.3　输入电压 U_d 变化的不同取值

按照上述功率开关器件的功率损耗计算程序来处理有关的电压和电流数据,计算出 IGBT 开通损耗、关断损耗、通态损耗、总损耗功率值,如表4－4所示。

表4－4　输入电压变化时,各损耗功率值(W)

$U_d(V)$	开通损耗	关断损耗	通态损耗	总损耗
100	9.24	60.41	8.82	78.47
150	16.82	117.32	15.34	149.48
200	27.26	241.81	22.37	291.44
250	36.45	271.58	30.72	338.75
300	49.23	353.61	39.45	442.29

由以上数据,可以拟合出输入电压与各损耗功率值的曲线图,如图4－17所示。

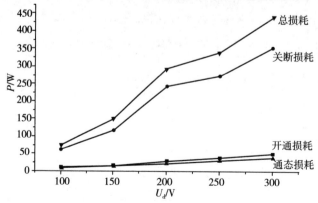

图4－17　输入电压与各损耗功率的曲线图

4.5.4.4 栅极串联电阻 R_g 变化的不同取值

按照上述功率开关器件的功率损耗计算程序来处理有关的电压和电流数据，计算出 IGBT 开通损耗、关断损耗、通态损耗、总损耗功率值，如表 4-5 所示。

表 4-5 栅极串联电阻变化时,各损耗功率值(W)

$R_g(\Omega)$	开通损耗	关断损耗	通态损耗	总损耗
60	22.54	140.11	22.01	184.66
80	24.23	196.71	23.52	244.46
100	27.26	241.81	22.37	291.44
120	29.13	260.23	22.42	311.78
140	31.74	269.52	24.31	325.57

由以上数据，可以拟合出串联电阻与各损耗功率值的曲线图，如图 4-18 所示。

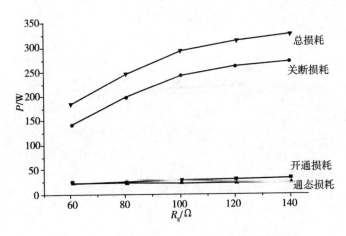

图 4-18 栅极串联电阻与各损耗功率的曲线图

4.5.4.5 负载电阻 R 变化的不同取值

按照上述功率开关器件的功率损耗计算程序来处理有关的电压和电流数据，计算出 IGBT 开通损耗、关断损耗、通态损耗、总损耗功率值，如表 4-6 所示。

表 4-6 负载电阻变化时,各损耗功率值(W)

$R(\Omega)$	开通损耗	关断损耗	通态损耗	总损耗
50	27.26	241.81	22.37	291.44
60	14.61	173.52	13.71	201.84

（续表）

$R(\Omega)$	开通损耗	关断损耗	通态损耗	总损耗
70	10.18	83.51	9.05	103.19
80	7.52	71.12	6.70	85.34
100	6.09	50.94	5.22	62.25

由以上数据,可以拟合出负载电阻与各损耗功率值的曲线图,如图 4 - 19 所示。

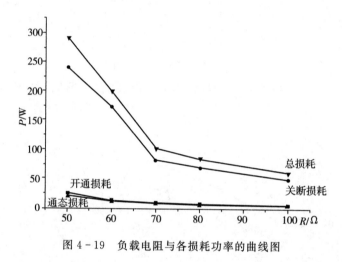

图 4 - 19　负载电阻与各损耗功率的曲线图

4.6　器件功率损耗计算结果分析

由表 4 - 2～表 4 - 6 以及图 4 - 15～图 4 - 19,可以看出计算出的各损耗功率值很大,但乘以各自的时间,得到的能量损耗却不是很大,这是由于合理地设计了功率开关器件缓冲电路,并较好地设置了其参数。所以,在使用功率开关器件时缓冲电路的设计非常重要。

对表 4 - 2 中的数据进行分析可知,随着 PWM 波提供的开关频率 f 逐渐增加后,在相同时间内开关管器件的开关次数在增加,开关损耗相应增加,总损耗功率变大。在变换装置设计中,从降低功率开关器件的损耗的角度考虑,应该降低 PWM 波的开关工作频率。但过低的开关频率不一定能满足系统的设计要求,需要综合考虑。故在装置系统设计中,在增加 PWM 波开关频率 f 的同时,须适当地增大散热装置的有效面积。

对表 4-3 中的数据进行分析可知,其他条件都不变时,随着 PWM 波设置的占空比改变,输出电压也改变,在一定的电压范围内,随着占空比的增加,器件工作时间变长,意味着输出二极管导通时间缩短,对于简单的驱动电路而言,开关管的开通时间 t_{on} 和关断时间 t_{off} 固定,如果占空比增大,开通、关断时间与脉宽之比会减小,开通损耗和关断损耗会减少。而通态时间相对加长,故其损耗略微增加,但总损耗下降。

对表 4-4 中的数据进行分析可知,其他条件都不变,输入电压变大意味着开关管的额定电压变大,工作电流增大,这样通态损耗增加,开关损耗也会增加,总损耗功率也增加。

对表 4-5 中的数据进行分析可知,随着栅极串联电阻的增加,电路充放电时间加大,开关时间增大,开关过程中电压、电流的交叠面积增大,损耗功率相应增加。为了降低开关损耗,在选择栅极串联电阻时,尽量减小其取值。但同时要考虑功率开关器件对开通过程中的浪涌电流 dI_C/dt 和关断过程中的尖峰电压 dU/dt 的承受能力,以免超出器件的安全工作区,造成损坏。

对表 4-6 中的数据进行分析可知,其他条件不变,负载加重即阻值增大,使得工作电流变小,则器件开关的峰值电流随之减小,从而导致了器件的开关损耗变小,总损耗也减小。这样使得输出功率增大(电压不变),装置效率提高。但在负载变化的时候,需要合理地设计滤波元件的参数,否则电压纹波很大,很难满足系统要求。

4.7 本章小结

本章通过实验及计算验证了 IGBT 在变换装置高频工作下以开关损耗为其主要损耗。测试平台既可作为建模系统的波形和数据来源,还可用于对功率开关器件的动态的开关特性进行研究。

本章提出了直接利用 IGBT 实时的工作电压、电流波形计算其损耗的方法,根据影响因素的不同取值算出损耗后,通过大量的测试数据将器件损耗与其影响因素进行拟合,列出器件的损耗与影响因素之间的定量关系并做了一定的分析。在 IGBT 的功率损耗计算中,选取器件损耗的主要影响因素为开关频率、占空比、母线电压、栅极串联电阻、栅极控制电压。对这 5 个参数进行不同的取值,测试平台是 Buck 电路,滤波元件和缓冲元件参数选择后,进行测试研究。实验中得到器件工作时集-射极间的电压波形和流过集电极的电流波形后,将波形转化为数据文件。在一个周期内,由波形图判定开通、通态及关断的各自时间段,即有关积分的区间。以电流值为基准,取所选定区间内的电流值和电压值,按照一定的步长通过编程进行积分计算后求出功率损耗。根据影响因素的不同取值算出损耗后列表,定量地观察功率开关器件的损耗与影响因素之间的关系,然后做出有关分析。

该思路可以运用到其他功率开关器件损耗研究中,在电力电子技术产品设计中,可起到借鉴的作用。在系统设计应用中,可以选择更为合理的器件,优化其使用环境、性能参数以及选择最优的电路拓扑等。最重要的是,可以减少器件损耗的产生,提高变换装置的能量转化效率,节约能源。

第 5 章 故障诊断对象模型的研究

5.1 故障诊断研究现状

为了提高驱动系统的可靠性,第一,要求控制系统能够快速准确地发现系统的故障,即故障诊断;第二,在判断出系统的故障后,要求系统能够快速响应,使系统能够在发生故障时以降容或降低某些性能指标的代价继续运行,即容错性控制。这是高可靠性系统所必备的两个条件。

故障诊断的任务就是针对异常工况(或故障状态)的信息查明故障发生的位置及性质,研究内容主要有信号的实时在线检测、信号的特征分析、特征量的选择、工况状态识别和故障诊断。变频器故障检测与诊断方法主要有基于模型的诊断方法、基于知识的诊断方法和基于神经网络的方法。故障诊断技术的研究在理论上已较为丰富,尤其是关于机械设备、控制系统故障诊断的理论研究,但有关变频调速系统故障诊断的理论研究却较少。

5.1.1 故障诊断技术的发展

故障是由于系统中部分元器件功能失效而导致整个系统功能恶化的事件。当系统发生故障时,系统中全部或部分的参变量就表现出与正常状态不同的特性,这种差异就包含着丰富的故障信息。故障诊断的任务是对系统故障的特征进行提取,并利用这种特征去检测和隔离系统的故障。故障诊断包括故障特征提取、故障评估和故障决策等几个部分。

动态系统的故障检测与诊断(Fault Detection and Diagnosis,FDD)是容错控制的重要支撑技术之一。FDD 技术的发展已大大超前于容错控制,其理论与应用方面的成果也远远多于容错控制,是当今人们研究的热点问题。故障诊断技术最早出现于 1971 年 Beard 发表的博士论文中,随后有大量相关的重要综述文章与著作被发表,故障检测与诊断理论随之逐渐走向成熟。我国清华大学的方崇智教授等人从 1983 年开始 FDD 技术的研究工作,随后叶银忠、周东华等陆续发表了关于 FDD 技术的学术论文,经过三十多年的发展,我国在故障诊断技术的研究中取得了丰富的研究成果,发现了众多的故障诊断方法。但是我国的故障诊断技术相对国外一些先进技术还比较落后。

故障与诊断技术是现代化生产发展的产物。早在 20 世纪末,美国国家宇航局(NASA)就创立美国机械故障预防小组(Machinery Fault Prevention Group, MFPG),英国成立了机械保健中心(Mechanical Health Monitoring Center, MAMC)。由于故障诊断技术能为社会生产带来巨大的经济效益,故其得到了迅速的发展。故障诊断技术是一门新发展的综合技术,目前还没有形成较为完整的科学体系。因此对其研究目的、研究内容范畴的理解往往由于工程应用背景以及研究人员的专业不同而有很大的差异。故障诊断技术的发展涉及可靠性理论、模式识别、数理统计、计算机软硬件、信号分析与数据处理、自动控制、系统辨识等学科的理论。

故障诊断主要包括以下几个方面的工作:

(1)信号的实时在线检测

选取诊断参量,以控制系统中与系统运行状态相关的参数为辅,在线检测系统,实现设备监测和故障诊断功能。

(2)信号的特征分析

由于直接检测的信号大都是随机信号,它包含了大量与故障无关的信息,必须用现代信号分析和数据处理方法将直接检测信号转化为能代表工况状态的特征量。

(3)特征量的选择

通过信号特征分析可以获得很多可表达系统动态行为的特征量,不同的特征量对工况状态变化的敏感程度不同。为提高故障诊断的准确性,必须选择对设备最敏感的特征量作为故障诊断的特征量。

(4)工况状态识别

工况状态识别就是对设备的状态进行分类,故障诊断的目的就是利用获得的最敏感特征量判断系统正常与否。

(5)故障诊断

故障诊断的任务是针对异常工况(或故障状态)的信息查明故障发生的位置及性质。

目前,故障检测与诊断技术在很多领域都有应用,与不同领域学科理论相结合便构成了适应不同应用工程背景的独特的故障诊断方法。

大型旋转机械系统如风机、压缩机和汽轮机等关键设备的故障常在振动方面体现出来，这些设备的故障检测与诊断常常通过对振动信号的检测和处理来实现。利用对振动信号的时频分析，取其信号的频域特征作为故障的主要征兆，通过模式识别、人工智能实现系统的故障诊断。

5.1.2　电动机变频调速系统故障诊断技术

电动机变频调速系统主要由变频器和电动机本体组成，因此其故障诊断一般应包括变频器故障诊断和电动机本体故障诊断。近年来，针对电动机本体的故障诊断已有不少文献发表并已取得很有成效的研究成果。与电动机本体的故障诊断研究相比，变频器驱动的故障诊断起步相对较晚，国内外就变频电源故障诊断研究所发表的文章也很有限，所采用的方法也比较单调，但变频器驱动的故障诊断研究已逐渐引起国内外研究者的极大关注。鉴于本书主要研究变频器及调速系统的故障诊断问题，因此只就此方面的研究现状做归纳说明。

截至目前，变频器故障检测与诊断方法主要可分为基于模型的诊断方法、基于知识的诊断方法和基于神经网络的方法。

5.1.2.1　基于模型的诊断方法

当前的控制系统变得越来越复杂，不少情况下要想获得系统的数学模型是非常困难的，因此，不依赖于模型的故障诊断方法受到了人们的高度重视。但是这种控制方法十分复杂，实现比较困难。所以基于模型的方法依然是研究的热点，其指导思想是通过构造观测器估计出系统输出，再与系统输出的实际测量值做比较得到残差信号。残差信号中包含着丰富的故障信息，经过故障方向辨识，可以从中找出发生故障的部位，从而达到故障诊断的目的。

1991 年，S. Catellani 等人对变换器-电动机系统稳定状态监控进行研究，建立了无故障斩波器的状态空间平均模型，利用该状态空间平均模型及其测量数据，分别建立了正规残差和简单残差的关系式。基于这两个残差关系式分析研究了斩波器功率开关器件的续流二极管断路和短路故障下的残差波形，利用不同故障模式下的残差波形建立了故障元件的逻辑判断方法。1992 年，C. S. Berendsen 等人进一步拓展了 S. Catellani 等人所提出的基于模型的故障诊断方法，研究了 DC/DC 变换器的故障检测和定位问题，分别建立了不同故障模式下的状态空间平均模型，根据实际变换器的故障模式获得不同故障模式下的状态估计。K. S. Simith 等人针对电压源型 PWM 逆变器存在的功率元件间歇性断路故障，提出了此类故障的在线诊断方法，建立了功率开关器件间歇性断路故障状态下的逆变器输出电压增量的函数模型，根据不同故障器件的电流增量轨迹不同，可进行故障诊断及分离。

基于模型的故障诊断方法需要建立逆变器-电动机的统一的数学模型，且该模型要能准确反映逆变器的实际工作状态。目前常用的电力电子电路的建模通常使用状态空间平均法。

基于模型方法,可以通过对观测到的系统异常数据进行分析,从而实现对逆变器故障的诊断,常用的有以下两种方法。

(1)电流检测法

电流检测法是指通过对变频器的电流进行检测来诊断逆变器故障的方法。主要包括在直流母线设置单个传感器、定子电流时域响应分析法、电流矢量轨迹或瞬时频率分析法和平均电流 Park 矢量法。通过对是否需要增加硬件、实时性以及可否判断具体故障等指标来进行综合考虑,发现平均电流 Park 矢量法的故障检测效果较好。平均电流 Park 矢量法是指通过对电动机的定子电流的 Park 矢量进行检测来诊断逆变器故障。在正常情况下,定子电流的 Park 矢量为零,故障出现的时候,如开关开路或短路,此时相电流中出现直流分量,三相不对称,此时 Park 矢量将会有一定的幅值和相位,可以通过其幅值和相位的不同判断出故障的类型以及哪相出现故障。这种方法虽然要求系统有一定的计算处理能力,但是快捷、可靠。

(2)电压检测法

电压检测法是指通过检测逆变器故障时逆变器相电压、电动机相电压、电动机线电压或电动机中性点电压与正常时的偏差来诊断故障。电流模式的故障诊断需要至少一个基波周期的时间才能完成,而电压检测法只需要四分之一个基波周期便能准确地检测出故障,大大地缩短了诊断时间,只是这种方法需要增加电压传感器,增大了成本。

5.1.2.2 基于知识的故障诊断方法

基于知识的故障诊断方法是利用人们的生产经验及对系统结构和功能的理解等知识,借助于逻辑推理,形成与系统故障特征相联系的逻辑函数及信息代码来对系统进行故障诊断,较有代表性的方法是专家系统法。专家系统建立的基础是过去的经验及对所研究系统的故障现象的观察。

1992 年,G. Gentile 等人仿真分析了逆变器-感应电动机功率开关器件断路、短路及缺相故障状态下的逆变器输出电流、电压及电动机转矩波形,利用这些特征可实现逆变器驱动系统的故障诊断。

K. Debede 等人针对某电压型逆变器-交流电动机驱动系统建立了一个基于故障树的故障诊断专家系统。故障树模型是一个基于被诊断对象结构、功能特性的行为模型,是一种定型的因果模型,故障树是以系统最不希望事件为顶事件,以可能导致顶事件发生的其他事件为中间事件和底事件,并用逻辑门表示事件之间联系的一种倒树状结构。它反映了特征向量和故障向量之间的全部逻辑关系。故障树法对故障源的搜寻直接简单,灵活性大、通用性好,它是以正确故障树结构为基础,因此构建正确、合理的故障树是诊断的核心和关键。系统发生故障后,操作工或维修人员根据知识库的提示将所发现故障现象输入计算机,专家系统逐级进行比较,迅速给出一个与现场故障现象类似的故障判断。

1998 年,R. Peuget 等人基于对电流向量轨迹的分析,运用电流轨迹的斜率不同来进行故障检测及分离。利用坐标变换获得两相系统(I_α, I_β)下离散化电流采样值表示的电流轨迹的斜率为:

$$\Psi = \frac{I_{\alpha_k} - I_{\alpha_{k-1}}}{I_{\beta_k} - I_{\beta_{k-1}}} \qquad (5-1)$$

式(5-1)中,下标 k、$k-1$ 分别表示当前和前一刻的采样值,当系统无故障时,电动机电流为正弦波形,其电流轨迹为一个圆。当系统发生故障时,Ψ 值则随不同故障状态而变化。另外一种方法是通过计算电流向量的瞬时频率 f_i 来检测系统是否发生故障,但该方法不能对故障进行分离。

基于知识的故障诊断方法通过对逆变器-电动机驱动系统的输出电流、转矩的了解进行故障诊断。但电路故障信息仅存在于发生故障后到停电之前数十毫秒之内,而电动机的响应有一个滞后过程,电动机的输出电流、转矩不会迅速反映逆变器的故障,因此选择能迅速反映逆变器故障的逆变器输出电压作为研究对象。

5.1.2.3 基于神经网络的方法

由于神经网络具有处理非线性、自学习以及并行运算的能力,其在非线性系统的故障诊断方面有很大的优势。神经网络技术代表了一种新的方法体系,它以分布的方式存储信息,利用网络的拓扑结构和权值分布实现非线性映射,并利用全局并行处理实现从输入空间到输出空间的非线性信息交换。对于特定问题建立适当的神经网络故障系统,可以由输入数据即故障症状直接推出输出数据即故障原因,从而实现故障检测与诊断。

人工神经网络有大量简单的处理单元,信息处理由神经元之间的大规模连接权值与作用函数的并联运算实现。通过调整各单元之间的权值实现网络的训练,从而避免了建立复杂的数学模型。基于人工神经网络的故障诊断方法包括网络结构设计、学习算法研究及故障模式分析等过程。

有学者利用神经网络方法对无功发生器中的多个单相逆变器主回路元件断路故障进行了诊断研究,也有学者把每一个单相逆变器输出电压、电流作为故障诊断的检测对象,利用电力电子仿真软件得到的主回路单个元件开路时逆变器输出的电压波形作为样本模式训练神经网络。通过对每周期逆变器输出电压波形的分区分析研究,发现单个功率开关器件断路时的故障特征,从而实现功率开关器件断路故障诊断。浙江大学的马皓和徐德鸿等人则利用神经网络研究了三相整流器功率开关器件的开路故障诊断问题。根据三相整流器功率开关器件最常发生的故障模式对故障进行分类,通过测量每一类故障状态下的直流输出电压波形可获得对应的不同故障类型,利用获得的波形信息训练神经网络从而实现三相整流器的故障诊断。

5.1.3 变频调速系统故障诊断研究中需要解决的问题

故障诊断技术的研究在理论上已取得较为丰富的成果,尤其是机械设备、控制系统方面的故障诊断理论研究表现得极为突出。与其形成鲜明对比的是,变频调速系统故障诊断理论研究却极为贫乏,这与现代化社会生产需要高可靠性变频调速系统的要求极不适应。从目前研究现状来看,变频调速系统故障诊断研究需要解决的问题大致如下。

5.1.3.1 变频调速系统故障检测方法

首先,电力电子电路的实际运行表明,大多数故障表现为功率开关器件的损坏,其中以功率开关器件的断路和短路最为常见。另外,电力电子电路的故障诊断与一般模拟电路、数字电路的故障诊断存在较大差别,其故障信息仅存在于发生故障后数十毫秒之内,因此,需要对其进行实时检测。而现有的电动机变频调速系统的故障检测方法在此方面存在明显的缺憾。

5.1.3.2 故障特征选择、提取方法

故障特征是用于表征电动机调速系统中那些对故障状态最为敏感的某些特征量,只有获得了这些故障特征量才能实现调速系统的故障诊断。现有的研究文献多采用电动机的输出电流或其变化形式作为逆变器中功率开关器件的故障特征,可在一定程度上实现逆变器的故障诊断。但是,由于负载电动机作为一个感性元件,可看作一个惯性环节,其输出滞后于输入,用输出电流作为故障特征有值得商榷之处。因此,如何选取故障特征量及其提取方法仍是一个值得研究的问题。本书选用逆变器输出电压作为故障特征提取源。

5.1.3.3 故障分离方法

故障分离就是利用提取的故障特征量确定对应的故障位置及其性质。一般故障分离多采用专家系统、神经网络、模式识别等技术来实现。专家系统方法需要建立知识库。由于人们知识或经验所限,未必会使所有故障包含在知识库中,因此专家系统不能诊断知识库中未描述的故障现象。人工神经网络具有从样本中学习、归纳的能力,这为复杂模式识别技术提供了一种有效的解决办法,并已被广泛用于系统的故障分离中。模式识别技术需要根据故障特征对故障状态进行归并分类,这种归并分类需要建立某种映射变换,但如何应用这种映射关系对电动机变频调速系统故障进行分离还有待进一步研究。

5.2 故障诊断对象模型

要对电压型变频器调速系统进行故障分析，必须先建立所需故障诊断的仿真模型。本书选用电压型变频器供电三相交流异步电动机变频调速系统作为诊断研究的对象来构建故障诊断对象模型。

5.2.1 三相异步电动机变频调速系统简介

三相异步电动机变频调速系统的主体部分是变频器。变频器的基本构成框图如图 5-1 所示，由整流环节、Link 电路、逆变环节以及控制回路等部分组成。交流电源经整流、滤波后变成直流电源，控制回路有规则地控制逆变器的功率开关器件通断，使之向异步电动机输出三相对称的电压和可调频率电源，驱动电动机运行。该系统要求输出响应快速、稳定且可靠，闭环系统检测转速反馈脉冲信号，经控制回路运算后形成反馈控制触发回路。

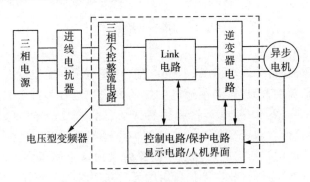

图 5-1 三相变频调速系统框图

按照 Link 电路中滤波环节的不同，变频器可分两种形式：电流型变频器及电压型变频器。在此需要说明的是，本章研究所选的故障诊断对象为电压型变频器-三相交流异步电动机传动系统，对故障的分析研究也主要集中在易发生故障的变频器核心部分——逆变器环节。

在图 5-1 中，设置进线电抗器是为了保证在供电电源出现波动、高频谐波注入变频器系统中时，能够消除这些因素对变频器的影响，同时也减少电流冲击谐波对电网的影响。图 5-1 虚线框内是一台变频器的示意图，可见变频器由以下几个主要部分组成：整流桥电路、Link 电路、逆变器电路、人机界面、显示电路、控制电路、保护电路。以下分别对部分电路做介绍，并简单分析各部分的固有结构特点对系统的影响。

5.2.1.1 整流电路

整流电路把三相交流电变换为直流脉动电,其电路原理如图5-2所示。由于整流过程中,功率开关器件动作的非理想性(导通电阻、截止漏电流、开通死角),在此环节产生了大量的谐波,对整个变频器的运行有一定的危害,另外,三相全桥整流得到的六波头直流脉动电压中六倍频的谐波,无论从幅值还是从频率上对于系统稳定性的影响都非常明显。

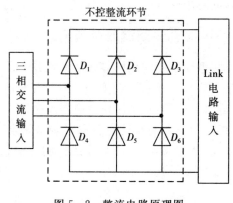

图5-2 整流电路原理图

5.2.1.2 Link电路

对于逆变器而言,输入电压最好是恒定的直流电源。交流电源经过整流后的脉动直流电源是脉动直流电,必须通过一定的方法把这一不符合要求的电源变换为逆变器所需的电源,Link电路就能达到这个目的。对于异步电动机的运行来说,只要电动机运行就需要变频器系统能够向电动机提供其运行所需要的有功功率和无功功率。电动机所需的有功功率是系统实时从电网得到的,由于变频器中的不控整流桥是不可逆的,故电动机所需的无功功率必须由变频器内部提供,Link电路就是实现这个功能的。

整流后的脉动直流电压通过直流电抗器后,向电解电容构成的Link电路充电,即向电解电容中储存无功功率。如图5-3在 F 点并联了电解电容支路,在工作过程中,电抗器、电解电容也同时吸收整流系统中的脉振谐波,使得系统供给逆变器的直流电源符合一定要求。其中电解电容的容量大小直接影响系统的稳定性。电解电容容量选择偏大,则在轻载时会引起变频器直流母线电压的抬高,影响系统的绝缘;容量选择偏小,则经过 Link 电路的直流电压可能跌落太大,滤波效果不明显。

电解电容的串联是为系统引出一个人工中性点,减小单个电容容量和耐压,减小电容体积。电解电容在工作时,其两端的电压是不能跳变的,因此通电的瞬间在 EF 导线中间串入一限流电阻,限制导通瞬间的电流。但是,变频器一旦工作后,如

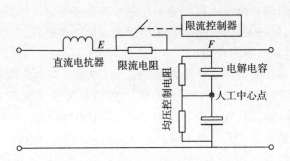

图 5 - 3　Link 电路原理图

果限流电阻继续存在,则在导线 EF 两端存在一定的压降,引起不必要的发热及变频器输出电压的不足,因此,一旦电解电容上的电压达到一定值,就需要用限流控制器切断限流电阻。限流控制器的存在是由于电解电容在通电的起始瞬间反映为短路,故此,要求系统在通电的一段时间内能够进行限流处理。

5.2.1.3　逆变电路

逆变电路是把直流电源变换为具有可变频率输出的交流电装置。其电路原理如图 5 - 4 所示。在逆变器电路中,借助对功率开关器件进行 PWM 控制得到某种要求频率的交流电,这就是逆变电路原理。

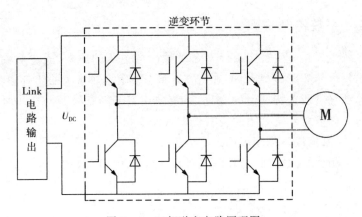

图 5 - 4　三相逆变电路原理图

对于直流母线电压 U_{DC},在 6 个功率开关路件的作用下,通过相应的功率开关电路连接到电动机相应的绕组。在逆变电路部分,功率的流向在正常条件下一般是向电动机方向。

为了能够保证电动机绕组的电流能够连续,使得形成的电磁转矩不至于波动,一般在功率天关器件的两端反并联一大电流、高耐压的快速恢复二极管(快速动作时间要能够与 PWM 信号配合)。同时,功率开关器件在动作的时候,会在其两端产生较大的瞬态电流和瞬态电压。为此在每个功率开关器件的两端还应并联用于动态保护的电路,即 Snubber 电路,用来克服过大的开关损耗。

5.2.1.4　控制与保护电路

在此主要介绍控制电路对传动系统的影响,控制电路对传动系统的影响主要是指在形成 PWM 控制策略中的结构参数(PWM 信号的死区时间、形成机理、优化方法等)对系统的影响,在后续相应章节中,将说明通过改变 PWM 控制策略中的结构参数对故障系统进行软件和硬件拓扑相结合的方法容错。

在一台完整的变频器中,保护电路是非常复杂、完善的。在变频器中,比较独立的电源系统有供电电源系统、整流系统、逆变器系统、驱动系统等四组电源系统。因此,保护系统也异常复杂,而且这些电源系统有的是由电源变压器隔离的,有的是由光电隔离器件实现的,但是这些电路是连在一起的,也正是这些电路的相连,造成了系统内部的振荡和不稳定。非隔离的采样电路与变频器电路的相互耦合,使系统更加复杂。

以上是分别从电压型变频器、三相交流异步电动机传动系统对象的结构出发,定性分析了系统各部分的作用以及在运行的过程中对系统的影响,下面将进一步详细阐述对象系统的控制策略和正弦脉宽调制(Sinusoidal Pulse Width Modulation,SPWM)控制策略。

5.2.2　系统控制策略

因该系统主要是分析特定故障对系统输出的电压的影响,通过对输出的观测分析诊断出发生的故障类型,为了避免故障状态下输出对系统的闭环影响,更准确地反映故障状态下所选特征量的变化,系统采用基于静态模型的异步电动机无反馈变频调速。以下对系统采用的控制规律做详细介绍。

5.2.2.1　基频以下控制规律

由电动机相关知识可知,异步电动机转速公式为:

$$n = \frac{60f_s}{n_p}(1-s) = \frac{60\omega_s}{2\pi n_p}(1-s) \qquad (5-2)$$

式(5-2)中,f_s 为电动机定子供电频率;n_p 为电动机极对数;$\omega_s = 2\pi f_s$ 为角频率;$s = \frac{n_s - n}{n_s} = \frac{\omega_s - \omega}{\omega_s}$ 为转差率,其中 $n_s = \frac{60f_s}{n_p} = \frac{60\omega_s}{2\pi n_p}$,为同步转速。

由式(5-2)可知,如果均匀地改变异步电动机的定子供电频率 f_s,就可以平滑地调节电动机的转速 n。在实际应用中不仅要求调节转速,同时还要求系统有优良的机械特性。与直流调速系统相同,在额定转速以下调速时,希望保留电动机中每极磁通量为额定值。这是因为若磁通下降,异步电动机的电磁转矩 T_{em} 将减小,这样在基速以下无疑会失去调速系统的恒转矩特性。另外，随着电动机最大转矩的下降，有可能造成电动机的堵转。反之，如果磁通上升，会使电动机磁路饱和，励磁电流将迅速上升，导致电动机铁损大量增加，造成电动机铁芯严重过热和绕组绝缘能力降低，严重时有烧毁电动机的危险。因此在调速过程中不仅要改变电动机定子频率 f_s，还要保持（控制）磁通恒定。

由电动机学可知，气隙磁通在定子每相绕组中的感应电动势有效值 E_s 为：

$$E_s = 4.44 f_s N_s K_s \varphi_m \tag{5-3}$$

$$\frac{E_s}{f_s} = c_s \varphi_m \tag{5-4}$$

式（5-3）和式（5-4）中，N_s 为定子每相绕组串联匝数；K_s 为基波绕组系数；φ_m 为电动机气隙中每极合成磁通；$c_s = 4.44 N_s K_s$。式（5-4）表示了感应电动势有效值 E_s 与频率 f_s 之比为常数的控制方式。如果采用这种控制方式，则 f_s 由基频降至低频的变速过程中能保持 $\varphi_m = C$，可以获得 $T_{em} = T_{em\,max} = C$ 的控制效果，然而由于实际系统中感应电动势难以测量和控制，一般可以测量和控制的是定子电压，通过分析稳态情况下异步电动机定子每相电压与每相感应电动势的关系式可知：

$$\dot{U}_s = \dot{E}_s + \dot{I}_s Z_s = j2\pi f_s L_m \dot{I}_m + (R_s \dot{I}_s + j2\pi f_s L_{s\sigma} \dot{I}_s) \tag{5-5}$$

当定子频率 f_s 较高时，感应电动势的有效值 E_s 也较大，这时可以忽略定子绕组的阻抗电压 $\dot{I}_s Z_s$，认为定子相电压有效值 $U_s \approx E_s$，为此在实际工程中以 U_s 代替 E_s 而获得电压与频率之比为常数的恒压频比控制方程式：

$$U_s / f_s = C（常数） \tag{5-6}$$

由于恒压频比控制方式成立的前提条件是忽略了定子阻抗上的压降。但在 f_s 较低时，定子的感应电动势有效值 E_s 也变小了，其中 $R_s \dot{I}_s$ 并不减小，与 $\dot{E}_s$ 相比，$\dot{I}_s Z_s$ 比重加大，$U_s \approx E_s$ 不再成立，也就是说在 f_s 较低时定子的阻抗压降就不能忽略了。为了让 $U_s / f_s = C$ 控制方式在低频下也可以应用，在实际中采用 $I_s \times R_s$ 补偿措施，根据负载电流大小把定子相电压有效值 U_s 适当抬高，以补偿定子阻抗压降的影响。

在恒压频比控制方式下三相异步电动机的机械特性方程式为：

$$T_{em} = \frac{3n_p U_s^2 R_r / s}{\omega_s \left[(R_s + R_r / s)^2 + \omega_s^2 (L_{s\sigma} + L_{r\sigma})^2 \right]} \tag{5-7}$$

式（5-7）中，R_r 为折算到定子侧的转子每相电阻；$L_{r\sigma}$ 为折算到定子侧的转子每相漏感。将式（5-7）对 s 求导，并令 $\dfrac{\mathrm{d}T_{em}}{\mathrm{d}s} = 0$，可求出最大电磁转矩 $T_{em\,max}$ 和对应的转

差率 s_m。

$$T_{emmax} = \frac{3n_pU_s^2}{2\omega_s\left[R_s + \sqrt{R_s^2 + \omega_s^2(L_{s\sigma} + L_{r\sigma})^2}\right]} \qquad (5-8)$$

$$s_m = \frac{R_r}{\sqrt{R_s^2 + \omega_s^2(L_{s\sigma} + L_{r\sigma})^2}} \qquad (5-9)$$

在式(5-7)中令 $s=1(n=0)$，可求出初始起动转矩：

$$T_{emst} = \frac{3n_pU_s^2R_r}{\omega_s\left[(R_s + R_r)^2 + \omega_s^2(L_{s\sigma} + L_{r\sigma})^2\right]} \qquad (5-10)$$

变压变频时方程式(5-7)~式(5-10)可改写为：

$$T_{em} = 3n_p\left(\frac{U_s}{\omega_s}\right)^2\frac{s\omega_sR_r}{(sR_s + R_r)^2 + s^2\omega_s^2(L_{s\sigma} + L_{r\sigma})^2} \qquad (5-11)$$

$$T_{emmax} = \frac{3}{2}n_p\left(\frac{U_s}{\omega_s}\right)^2\frac{1}{\dfrac{R_s}{\omega_s} + \sqrt{\left(\dfrac{R_s}{\omega_s}\right)^2 + (L_{s\sigma} + L_{r\sigma})^2}} \qquad (5-12)$$

$$s_m = \frac{R_r}{\sqrt{R_s^2 + \omega_s^2(L_{s\sigma} + L_{r\sigma})^2}} \qquad (5-13)$$

$$T_{emst} = 3n_p\left(\frac{U_s}{\omega_s}\right)^2\frac{\omega_sR_r}{(R_s + R_r)^2 + \omega_s^2(L_{s\sigma} + L_{r\sigma})^2} \qquad (5-14)$$

由式(5-11)~式(5-14)可知,变压变频情况下的机械特性曲线形状与正弦波恒压恒频供电时的机械特性曲线相似。

式(5-15)为变压变频时三相异步电动机的转速：

$$n_s = \frac{60f_s}{n_p} = \frac{60\omega_s}{2\pi n_p} \qquad (5-15)$$

5.2.2.2　基频以上控制规律

异步电动机不允许过电压,但允许有一定超速(高于额定的转速),当在基频以上调速时,即电动机转速超过额定转速时,定子供电频率 f_s 大于基频。如果仍然维持 $U_s/f_s = C$ 是不允许的,因为定子电压过高会损坏电动机绝缘。因此,当 f_s 大于基频时,把定子的电压限制为额定电压,并保持不变,迫使磁通 ϕ_m 与频率 f_s 成反比,相当于直流电动机的弱磁升速的情况。

因此在基频以上选用保持电磁功率 $P_m = C$ 的恒功率控制方式,其电压、频率协调控制关系推导如下。

由式(5-11)得：

$$P_{\mathrm{m}} = \frac{3U_{\mathrm{s}}^2 sR_{\mathrm{r}}}{(sR_{\mathrm{s}} + R_{\mathrm{r}})^2 + s^2(X_{\mathrm{s}} + X_{\mathrm{r}})^2} \qquad (5-16)$$

在基频以上调速时,s 较小,得:

$$P_{\mathrm{m}} \approx 3U_{\mathrm{s}}^2 s/R_{\mathrm{r}} \qquad (5-17)$$

在额定频率和额定电压下,即在额定工作点处,有:

$$P_{\mathrm{mN}} \approx 3U_{\mathrm{s}}N^2/R_{\mathrm{r}} \qquad (5-18)$$

在基频以上,采用恒功率调速时,$P_{\mathrm{m}} = P_{\mathrm{mN}}$,则:

$$U_{\mathrm{sN}}^2 s_{\mathrm{N}} = U_{\mathrm{s}}^2 s = C \qquad (5-19)$$

其中,$s_{\mathrm{N}} = \dfrac{\Delta \omega_{\mathrm{N}}}{\omega_{\mathrm{sN}}} = \dfrac{\omega_{\mathrm{sN}} - \omega_{\mathrm{N}}}{\omega_{\mathrm{sN}}} = \dfrac{f_{\mathrm{sN}} - f_{\mathrm{N}}}{f_{\mathrm{sN}}}$; $s = \dfrac{\Delta \omega}{\omega_{\mathrm{s}}} = \dfrac{\omega_{\mathrm{s}} - \omega}{\omega_{\mathrm{s}}} = \dfrac{f_{\mathrm{s}} - f}{f_{\mathrm{s}}}$。

由于变频调速时,电动机机械特性曲线平行下行移动,则有:$\omega_{\mathrm{s}} - \omega = \omega_{\mathrm{sN}} - \omega_{\mathrm{N}}$。

根据式(5-19)可推得:

$$U_{\mathrm{s}}/\sqrt{f_{\mathrm{s}}} = U_{\mathrm{sN}}/\sqrt{f_{\mathrm{sN}}} = C \text{ 或 } U_{\mathrm{s}}/\sqrt{\omega_{\mathrm{s}}} = U_{\mathrm{sN}}/\sqrt{\omega_{\mathrm{sN}}} = C \qquad (5-20)$$

式(5-20)表明,基频以上恒功率调速电压、频率的协调控制关系式为:

$$U_{\mathrm{s}}/\sqrt{\omega_{\mathrm{s}}} = C \qquad (5-21)$$

对于基频以上恒功率调速时的机械特性特点,可将式(5-20)代入式(5-12),则得到基频以上恒功率调速时的最大转矩表达式:

$$T_{\mathrm{emmax}} = \frac{3}{2} n_{\mathrm{p}} C^2 \frac{1}{\omega_{\mathrm{s}}} \frac{1}{\dfrac{R_{\mathrm{s}}}{\omega_{\mathrm{s}}} + \sqrt{\left(\dfrac{R_{\mathrm{s}}}{\omega_{\mathrm{s}}}\right)^2 + (L_{\mathrm{s\sigma}} + L_{\mathrm{r\sigma}})^2}} \qquad (5-22)$$

由式(5-15)看出,当频率 ω_{s} 从基频起提高时,同步转速随之提高;由式(5-22)看出,最大转矩随着 ω_{s} 提高而减小。可见基频以上恒功率调速时机械特性特点是随着频率的增加,其机械特性曲线平行上移,最大转矩 T_{emmax} 也随之减小。

综合基频以下和基频以上的控制规律可得到系统异步电动机变频调速的控制规律。

5.2.3　SPWM 控制策略

在采样控制理论中有一个重要的结论:冲量相等而形状不同的窄脉冲加在惯

性环节上时,效果基本相同。冲量是指窄脉冲的面积,这里所说的效果基本相同是指环节的输出波形基本相同。若将各输出波形用傅里叶变换分析,则其低频特性非常接近,仅在高频段略有差异。

上述结论是 PWM 控制的重要理论基础,因调速系统的逆变环节要求直接向三相异步电动机供以三相对称正弦交流电。故逆变环节的调制波为理想正弦波,其调制方式称为 SPWM 方式,在该系统中由于采用的是电压源型变频器,从而得到输出电压为脉冲形式 SPWM 波。

系统的交-直-交变频装置中,整流器是不可控的,逆变器两端所加的电压是幅值恒定的直流电压,通过控制逆变器中的功率开关器件导通或关断时间,其输出端获得一系列宽度不等的矩形脉冲波形,而决定开关器件动作顺序和时间分配规律的控制方法称为脉宽调制方法。PWM 脉宽调制是利用相当于基波分量的信号波对三角载波进行调制,达到调节输出脉冲宽度的一种方法。不同的信号波调制后生成 PWM 脉宽,其变频输出效果不同。

调制波为理想正弦波,其调制方式称为 SPWM 方式,SPWM 的基本思想是通过控制功率开关器件产生一组等幅不等宽的脉冲波形,使整个输出近似等效于正弦电压。通常采用正弦调制波和三角载波相交的方法来确定各分段矩形脉冲的宽度。因为等腰三角波是上下宽度线性对称变化的波形,当它与任何一个光滑的曲线相交时,在交点时刻控制开关器件的通断,即可得到一组等幅而脉冲宽度正比于该曲线值的矩形脉冲。如果用这一组矩形脉冲去触发逆变器各开关器件,则在逆变器输出端得到一组等效于正弦波的矩形脉冲,其幅值为逆变器直流侧电压。改变正弦调制波频率,就可改变逆变器输出频率;改变调制波幅值就可改变逆变器输出电压大小。逆变器控制电路按照这个原则控制功率开关器件的通断。SPWM逆变器的控制方式可分为单极性调制和双极性调制两种。采用单极性控制,正弦波每半周只涉及一个功率开关器件的通断,所得 SPWM 波形只在一个方向变化。采用双极性控制时,逆变器同一相桥臂上下元件交替通断。在正弦调制波的半周期内,三角载波在正负两个方向变化,因此所得 SPWM 波形也在两个方向变化,有正负两种电平。在正电平时,对应控制上桥臂导通,下桥臂关断;在负电平时采取相反控制。本书中 PWM 型逆变器采用单极性控制,根据具体控制要求设置三相正弦波之间的相位差。SPWM 信号的生成方法典型的有自然采样和规则采样两种。自然采样法在计算脉冲宽度时需要解超越方程,要求计算机迭代求解,而单片微机处理速度较慢,难于实现。规则采样法是对自然采样的简单近似,其效果接近自然采样法,但计算量却少得多,在此系统应用规则采样法。

图 5-5 为规则采样法的说明图。三角波为单位幅值,取三角波两个正峰值之间为一个采样周期 T_s。使每个脉冲的中点都与相应三角波中点重合。在三角波

的最小值时刻 t_D 对正弦信号采样得到 D 点,过 D 点作一水平直线和三角波分别相交于 A 点和 B 点,在 A 点时刻 t_A 和 B 点时刻 t_B 控制功率开关器件的通断。

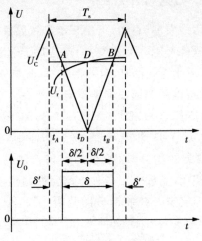

图 5-5 规则采样法

设正弦调制波为:

$$U_r = a\sin\omega_r t \tag{5-23}$$

其中,a 为调制深度,$0 \leqslant a < 1$;ω_r 为参考正弦信号波角频率。从图 5-5 中可得如下关系式:

$$\frac{1 + a\sin\omega_r t_D}{\delta/2} = \frac{2}{T_s/2} \tag{5-24}$$

$$\delta = \frac{T_s}{2}(1 + a\sin\omega_r t_D) \tag{5-25}$$

在三角载波一个周期内,脉冲两边的间隙宽度 δ' 为:

$$\delta' = \frac{1}{2}(T_s - \delta) = \frac{T_s}{4}(1 - a\sin\omega_r t_D) \tag{5-26}$$

对于三相桥式逆变电路来说,应该形成三相 SPWM 波形。其中三相的三角波载波是公用的,三相正弦调制波相位依次相差120°。

5.3　系统模型的建立及其仿真

系统模型是建立在基于以上介绍的控制策略基础上的,其中仿真软件选用

MATLAB。

5.3.1 MATLAB 仿真软件介绍

随着计算机软件技术的发展,目前,可用于电力线路和电子电路仿真用的工具软件很多。大多数此类软件可以分为两类:一种是基于电路(Circuit-based)的仿真语言,例如 Saber、Spice,用此类软件时,电路的数据,比如电阻、电感和电容都可以用支路来设定,拓扑信息可以用图形或支路节点矩阵表示,后者来自等效电路。另一种是基于微分方程的仿真语言,例如 MATLAB、ACSL(Advanced Continuous Simulation Language)。对于从事电气系统工作的研究人员来说,PSpice 和 MATLAB 是两种较为常见的仿真软件,它们有各自的特点和使用范围。PSpice 非常适合在电路仿真中使用,它提供了各种电路元件的模型,能对电路的动态工作进行细致的仿真分析。但它缺乏控制部分的分析手段,不能进行控制及机电系统的混合仿真。MATLAB 则是一种面向科学和工程计算的高级语言,它集科学计算、自动控制、信号处理、图像处理等功能于一体,具有极高的编程效率,在控制领域内的应用非常广泛。

Simulink 是 MATLAB 提供的一个用来对动态系统进行建模、仿真和分析的软件包,它支持线性和非线性系统,能够在连续时间域、离散时间域或两者的混合时间域进行建模,它同样支持具有多种采样频率的系统。在过去的几年里,Simulink 已经成为教学和工业应用中对动态系统进行建模时使用的最为广泛的软件包,它支持图形用户界面。它提供了一些模块,用户可用鼠标拖动这些模块,在屏幕上用框图搭建自己的系统,然后直接进行仿真。它为用户提供了方框图进行建模的图形接口,采用这种结构画模型就像手工在纸上画一样容易。它与传统的仿真软件包中采用微分方程和差分方程建模相比,具有更直观、方便、灵活的优点。Simulink 包含有 Sinks(输出方式)、Source(输入源)、Linear(线性环节)、Nonlinear(非线性环节)、Connections(连接与接口)和 Extra(其他环节)子模型库,并且每个子模型库中包含有相应的功能模块。用户只需知道模块的输入输出以及模块功能,而不必管模块内部是怎么样实现的,因此使用起来非常方便。

用 Simulink 创建的模型可以具有递阶结构,因此用户可以采用从上到下或从下到上的结构创建模型。用户可以从最高级开始观看模型,然后用鼠标双击其中的子系统模块来查看其下一级的内容,以此类推,从而可以看到整个模型的细节,帮助用户理解模型的结构和各模块之间的相互关系。在定义完一个模型后,用户可以通过 Simulink 的菜单或 MATLAB 的命令窗口键入命令来对它进行仿真。菜单方式对于交互工作非常方便,而命令行方式对于运行一大类仿真非常有用。采用 SCOPE 模块和其他的画图模块,在仿真进行的同时,就可观看到仿真结果。

除此之外,用户还可以在改变参数后来迅速观看系统中发生的变化情况。仿真的结果还可以存放到 MATLAB 的工作空间里做事后处理。

模型分析工具包括线性化和平衡点分析工具、MATLAB 的许多工具及 MATLAB 的应用工具箱。由于 MATLAB 和 Simulink 是集成在一起的,因此用户可以在这两种环境下对自己的模型进行仿真、分析和修改。Simulink 是可用于动态系统和嵌入式系统的多领域仿真和基于模型的设计工具。对各种时变系统,包括通信、控制、信号处理、视频处理和图像处理系统,Simulink 提供了交互式图形化环境和可定制模块库来对其进行设计、仿真、执行和测试。在电力系统领域,也具有广泛的应用,通过它可以进行复杂的潮流计算、优化计算以及时域仿真等。

特别是自 5.3 版本以来,MATLAB 增加了电气系统模块(Power System Blockset),提供了电路、电动机、电力系统等多方面的模型,使用 MATLAB 进行电气系统方面的仿真变得非常的方便。

接下来,分别对系统的主要环节及其控制部分做详细介绍。

5.3.2 系统主回路模型

运用 MATLAB 软件中的 Simulink 和 Power System Blockset 构建系统主回路模型。

5.3.2.1 整流环节

采用不可控电力二极管整流器,电路如图 5-6 所示。

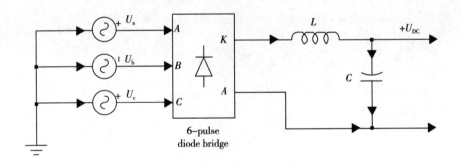

图 5-6 整流环节电路

从图 5-6 中可以看出,整流部分采用三相桥式不控整流电路,主开关器件为功率二极管。三相交流电经过整流后变为直流电压,但是此直流电压是脉动的。为减少谐波,在直流环节部分选用了一个电感和电容来滤波,以减少脉动分量,使得 U_{DC} 为平稳直流电压。

5.3.2.2 逆变环节

采用三相桥式逆变电路,功率开关采用 IGBT,如图 5-7 所示。

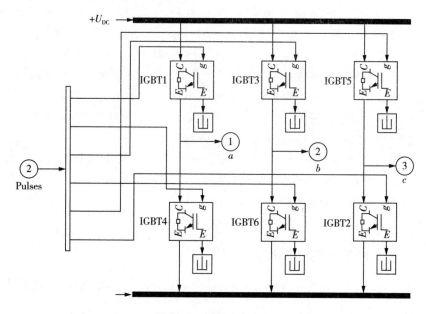

图 5-7 逆变环节电路

图 5-7 是在 MATLAB 中使用的逆变器部分的模型图,从图可以看出,逆变部分采用的是三相桥式电路,主电路功率开关器件是 IGBT。这样,通过以一定的规律控制 IGBT 的通断,直流电就逆变为一定频率的三相交流电。

5.3.2.3 电动机模块

电动机如图 5-8 所示,参数设置见表 5-1。

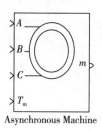

图 5-8 电动机模块图

表 5-1 电动机主要参数

定子电阻 $R_s = 0.435\Omega$	转子电阻 $R_r = 0.816\Omega$	定子自感 $L_s = 0.002H$
转子自感 $L_r = 0.002H$	互感 $L_m = 0.06931H$	转动惯量 $J = 0.089kg \cdot m^2$

5.3.2.4　PWM 控制的实现模块

实现模块如图 5 - 9、图 5 - 10 所示。其中,SPWM 控制模式采用为正弦波三角波相比较的采样方式。

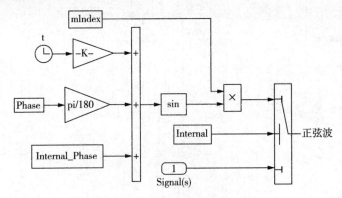

图 5 - 9　正弦调制波生成环节

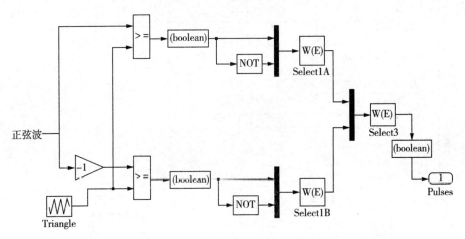

图 5 - 10　SPWM 触发脉冲生成环节

5.3.3　系统的稳定运行响应

利用以上所分析的各个部分组成一个交流调速系统,在 MATLAB 中的 Simulink 环境下仿真。系统仿真模型图如图 5 - 11 所示,其中通过改变供给逆变装置的脉冲发生参数设定来改变调制频率、调制深度等,在此设定输出频率为基频。当加负载给定,系统稳定运行时,逆变器输出线电压 U_{ab}、U_{bc}、U_{ac},逆变器输出到电动机的三相电流 I_a、I_b、I_c,系统稳定运行时响应的局部波形和转速响应过程波形如图 5 - 12 所示。

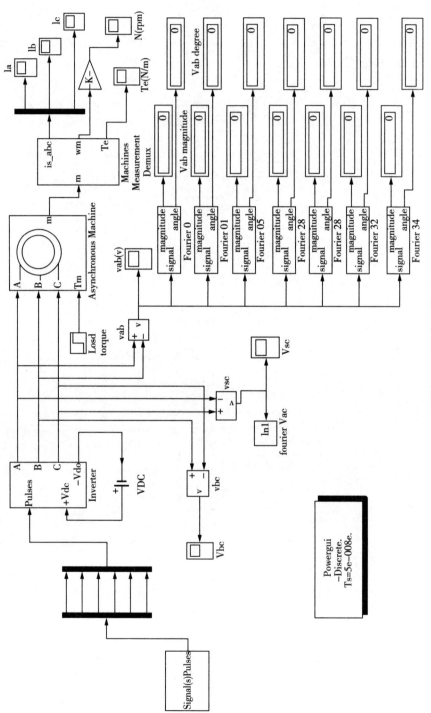

图5-11 系统仿真模型

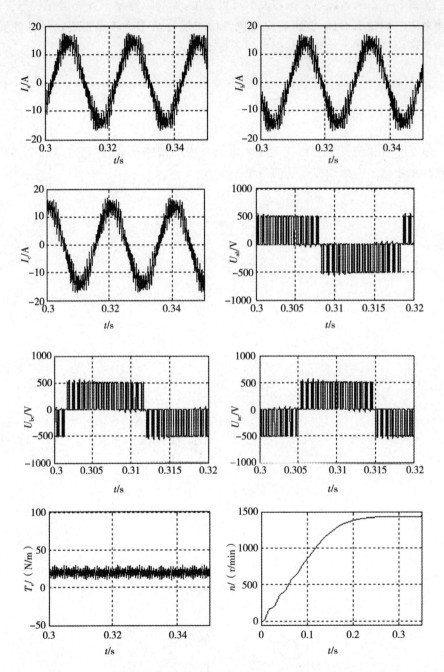

图 5-12 系统稳定运行时响应的局部波形及转速响应全过程波形

从图 5-12 的系统稳定运行波形可以看出,无故障情况下系统运行状态良好,变频系统三相输出对称,转速响应较快且稳态运行状态下转速稳定,因此,此变频调速系统模型可作为故障参数提取的依据。

5.4　本章小结

本章分析和研究了三相交流异步电动机变频调速系统,并且在 MATLAB 仿真软件中建立了变频调速系统的模型。

第6章 故障特征信号分析、处理和故障的逻辑诊断流程

在前面章节的基础之上,本章对系统可能出现的故障进行仿真,获得故障特征信号,并通过对故障特征信号的分析得到故障信号反映出来的故障特征量,根据和故障类型——对应的故障特征量定位系统中发生故障的元件和判断故障类型。

6.1 三相变频调速系统的常见故障

变频技术是随着功率开关器件的迅速发展而发展起来的,变频器是异步电动机变压变频调速系统中最重要的硬件设备,通过它可同时控制电压幅值和频率。根据其主电路的结构,变频器可分为交-交方式和交-直-交方式两大类。交-交变频器一般为晶闸管自然换流方式,运行平稳,性能可靠。交-交变频没有直流环节,变频效率高,主回路简单,不含直流电路及滤波部分,与电源之间无功功率处理及有功功率回馈容易。虽然大功率交-交变频器得到了普遍的应用,但其功率因数低、高次谐波多、输出频率低、变化范围窄、使用元件数量多,使之应用受到了一定的限制。相比于交-交变频器,交-直-交变频器更为常见,中间滤波环节是用电容器或电抗器对整流后的电压或电流进行滤波。交-直-交变频器按中间直流滤波环节的不同,又可以分为电压型和电流型两种,由于控制方法和硬件设计等各种因素,电压型逆变器应用比较广泛。通过产品数据分析,市场上所用变频器占比较多的为功率单元串联多电平电压源型变频器。

三相变频驱动系统中,由于采用了功率变换器,电动机本身许多故障得到了避免,例如变换器输入端吸收了浪涌电压,逆变器过电流保护限制了电动机电流,消除了因过压或过流应力使电动机绝缘损坏而引起的故障,由直接启动引起的转子断条问题,采用逆变器软启动之后也将消除。因此,此处分析的常见故障不考虑电动机本身的故障。将三相变频驱动系统常见故障用图6-1所示不同开关的断开或闭合表示,在此共分为十大类,见表6-1。

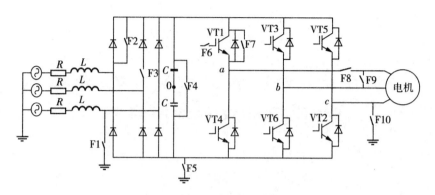

图 6-1　三相变频调速系统的常见故障

表 6-1　系统常见故障和故障点

序　号	常见故障	故障点
1	输入电源对地短路	F1
2	整流二极管短路	F2
3	整流二极管开路	F3
4	直流母线电容短路	F4
5	直流母线接地	F5
6	功率开关器件无驱动信号或者功率开关器件断路	F6
7	功率开关器件短路	F7
8	电动机一相开路	F8
9	电动机两相短路	F9
10	电动机一相接地	F10

　　因此,本书主要针对变频驱动系统中逆变器可能出现的故障进行诊断研究。由实践经验发现,变频器的故障主要集中在功率模块内的故障上,当功率模块发生故障时,就会对变频器的输出线电压和线电流产生不良影响,降低了交流电动机的可靠性。功率开关器件工作在高频开关状态,损耗较大,发热严重,发生故障的概率最大。所以,针对逆变器的故障诊断也集中在对逆变器主电路的功率开关器件的故障诊断上,即针对表 6-1 所列的 F6～F10。接下来,将对逆变器故障模式进行详细讨论。

6.2　逆变器的故障模式及分析

常见的电压型逆变器-电动机系统故障如图 6-2 所示,故障模式表现为 F6～F10,F6～F10 的故障模式可细分为以下几类:

(1)功率开关器件断路故障。

(2)功率开关器件短路故障。

(3)功率开关器件基极驱动电路故障。

(4)功率开关器件间歇性断路故障。

(5)逆变桥臂上的两个功率开关器件断路故障(或逆变器输出缺相故障)。

(6)逆变桥臂上的两个功率开关器件短路故障。

(7)多个功率开关器件同时故障(同时短路、断路或者交叉故障)。

(8)输出一相接地故障。

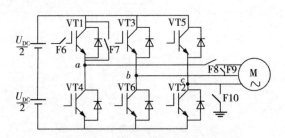

图 6-2　逆变器-电动机系统故障

逆变器上的功率开关器件通常由独立的基极驱动电路驱动,驱动电路单元的故障通常表现为驱动电源失效,元件击穿或开路,造成功率开关器件故障,其故障特性为控制极击穿或断路,具体表现为功率开关器件断路。

功率开关器件短路故障可能是由于其反向击穿所引起,也可能是由于桥臂的绝缘破坏或并接在功率开关器件两端的 RC 吸收回路短路造成,这是一种较为严重的故障,它会造成其他功率开关器件发生破坏。

功率开关器件间歇性断路故障大都是由控制电路元器件性能变差或电磁兼容性差导致开关器件基极驱动出现故障引起,这会使逆变器电压输出波形变差,引起其他元件过载。

逆变桥臂两功率开关器件断路故障(或逆变器输出缺相故障)可能是由基极电路故障所致,此类故障也可以归纳到多个功率开关器件同时故障类别里。

逆变桥臂两功率开关器件短路故障产生的原因很多,例如,同一桥臂上的功率开关器件互锁延迟时间太小,过大的 dU/dt 在漏栅极之间产生转移电流而形成误导通等,任一功率开关器件短路后造成另一功率开关器件开关应力增大也致使其短路破坏,桥臂直通故障可迅速使逆变器失效,此类故障也可以归纳到多个功率开关器件同时发生故障的类别里。

在此需要说明的是,对于功率开关器件的短路故障,为了避免逆变器桥臂直通故障(当同桥臂上的另外一个功率开关器件导通时)发生,逆变器采用相应的保护措施,即当发生功率开关器件短路故障时,系统保护电路会强行关断同桥臂上的另外一个功率开关器件,此时该桥臂上只有一个功率开关器件一直导通,而另外一个器件一直关断。由于一般故障信息信号存在于故障发生后的几十毫秒时间内,而对逆变器的一个功率开关器件采取短路保护措施的时间是微秒级的,因此对于工作在高频状态下的功率开关器件短路故障的分析和诊断都不切实际,也毫无意义,因为此种短路故障最终都反映为其自身短路以及与它同一个桥臂上的功率开关器件断路。

为便于分析,本章主要以逆变器一个功率开关器件断路、一个功率开关器件短路和同一个桥臂上的另一个功率开关器件断路、两个功率开关器件同时断路等故障作为主要研究内容。其中一个功率开关器件断路故障有 6 种,一个功率开关器件短路和同一个桥臂上的功率开关器件断路故障有 6 种,两个功率开关器件同时断路故障有 15 种,共计 27 种故障。

为便于描述,现将故障类型进行编码,如表 6-2 所示。

表 6-2　故障类型编码

序　号	故障类型	编　码
1	1 管断路	000001
2	2 管断路	000010
3	3 管断路	000011
4	4 管断路	000100
5	5 管断路	000101
6	6 管断路	000110
7	1 管短路、4 管断路	000111
8	2 管短路、5 管断路	001000
9	3 管短路、6 管断路	001001
10	4 管短路、1 管断路	001010
11	5 管短路、2 管断路	001011

（续表）

序　号	故障类型	编　码
12	6管短路、3管断路	001100
13	1管断路、2管断路	001101
14	1管断路、3管断路	001110
15	1管断路、4管断路	001111
16	1管断路、5管断路	010000
17	1管断路、6管断路	010001
18	2管断路、3管断路	010010
19	2管断路、4管断路	010011
20	2管断路、5管断路	010100
21	2管断路、6管断路	010101
22	3管断路、4管断路	010110
23	3管断路、5管断路	010111
24	3管断路、6管断路	011000
25	4管断路、5管断路	011001
26	4管断路、6管断路	011010
27	5管断路、6管断路	011011
28	无故障	000000

6.3　故障特征信号的选择和获取方式

　　功率开关器件出现故障往往直接或间接表现在一个或多个物理量的变化上，比如功率开关器件的短路和断路。器件短路的直接表现是无门级驱动时端电压为零，电流不为零，间接表现是可能引起某处电流或电压的异常变化；器件断路直接表现是有门级驱动时电流为零，端电压不为零，间接表现是可能引起某处电流或电压的异常。有时把直接表现称为故障信号，把间接表现称为含有故障信息的物理量（如电流、电压等）。故障诊断系统的输入可以是故障信号，也可以是含有故障信息的物理量（称为故障特征信号），或两者兼有。故障诊断系统的输出是各个被检测点的工作状态。对逆变器功率开关器件的故障诊断系统包括：故障信息物理量

(也称为故障信号)的检测、故障信息的处理、故障状态的判断决策及故障状态的输出,可以分为三个层次,即信息获取层、故障特征提取(信息处理)层、故障的判断(决策)层。故障信号的获取有多种方法,如直接获取、间接获取等。直接获取就是对每一个可能故障点设置一个传感器,传感器的输出是故障信号。其特点是直接、故障判断容易、速度快,适用于故障点数少的场合;每个故障点都需要一个传感器,传感器多,成本高,可靠性低。间接获取就是用几个必不可少的传感器检测含有故障信息的相关物理量,然后进行信息处理提取故障信息,根据此故障信息判断故障点和故障类型。其特点是传感器少,成本低,可靠性高;故障信息的获取和故障的判断复杂,需要复杂的理论和算法。基于以上分析,本研究可采用间接获取法。

当逆变器发生故障时,选择输出电压、电流信号作为包含有故障信息的特征信号,由于电压、电流信号共有 6 路,若把这 6 路信号都作为特征信号去求取特征量,特征量的数据量将会非常庞大,从而导致诊断系统复杂,实际中没法实现,没有多少实用价值。如果 6 路电压、电流信号包含的故障特征信息有重复的,可以化简去掉一些包含相同故障信息的电信号。仿真故障信号分析表明,只要选取 2 路输出线电压信号就基本上可以区分出现的各种故障。在本书中选取 U_{ab}、U_{ac} 信号来获取故障特征信息。

对于交流调速系统而言,在不同频率下都有可能发生故障,但研究重点不在于枚举所有的频率故障,可仅对在工频 50 Hz 时的各类故障,在故障发生后进行一个周期的故障信号波形采集分析,由于在之后的逻辑诊断中需要故障信号频谱分析后的相位信息,因此每次诊断的起始时刻参考点都选在线电压 U_{ab} 正向过零后 30°时刻。现选择调制波频率 50 Hz、调制深度 0.8、载波比 $N=30$ 时,选择 VT1 管断路和 VT2 管断路故障状态下 U_{ab}、U_{ac} 波形为例分析,如图 6-3、图 6-4 所示,横坐标为时间 t(s),纵坐标为电压 U(V)。

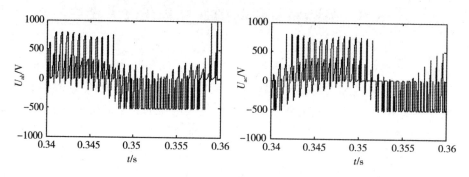

图 6-3 VT1 管断路故障状态下特征信号波形(000001)

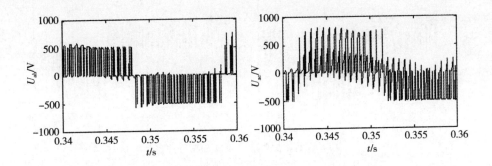

图 6 - 4　VT2管断路故障状态下特征信号波形(000010)

　　故障特征信号选择为逆变输出电压,通过对频谱进行分析处理,再利用不同故障状态下逆变输出信号的频谱不同于正常状态下的频谱现象,并对其量化,作为诊断特征量,用以实现故障定位诊断。以如图 6 - 2 所示 VT1 管(IGBT1)、VT2 管(IGBT2)发生断路故障为例做简单的定性说明,首先单就 IGBT1 断路而言,在发生故障后的一个工频周期内,作为特征信号的 U_{ab} 和 U_{ac} 的基本频谱模值明显发生跳跃现象,可发现在载波频率和基波频率整数倍附近的谐波量急剧增大,U_{ab} 中的基波幅值、26 次谐波幅值相对于无故障状态下都迅速减小,同时 U_{ab} 基波幅值也迅速减小。而对于 IGBT2 断路故障而言,特征信号 U_{ab}、U_{ac} 的基波幅值相对于无故障状态下都有增大,而 U_{ab} 的第 28 次谐波的幅值则迅速减小。可见其他功率开关器件故障与此类似,因此不再一一赘述。除 VT1 管断路、VT2 管断路故障外,VT3~VT6 管功率开关器件故障状态下的特征信号波形图见图 6 - 5~图 6 - 29 所示。

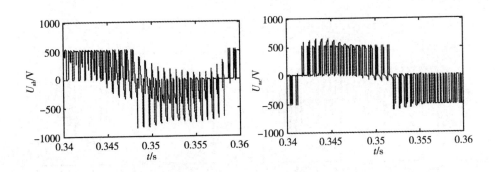

图 6 - 5　VT3管断路故障状态下特征信号波形(000011)

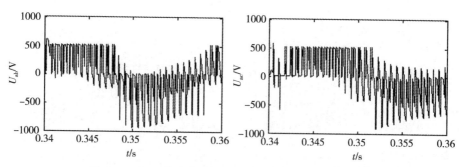

图 6-6 VT4 管断路故障状态下特征信号波形(000100)

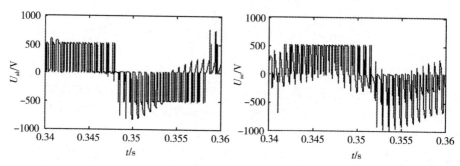

图 6-7 VT5 管断路故障状态下特征信号波形(000101)

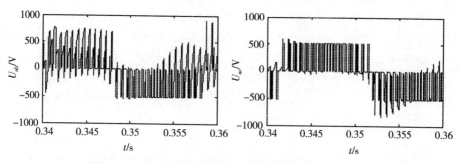

图 6-8 VT6 管断路故障状态下特征信号波形(000110)

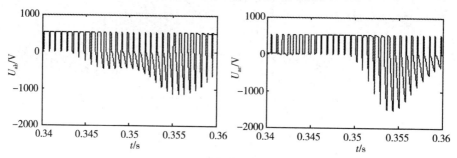

图 6-9 VT1 管短路、VT4 管断路故障状态下特征信号波形(000111)

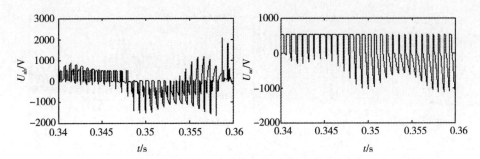

图6-10 VT2管短路、VT5管断路故障状态下特征信号波形(001000)

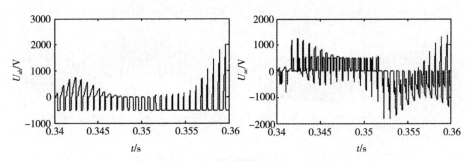

图6-11 VT3管短路、VT6管断路故障状态下特征信号波形(001001)

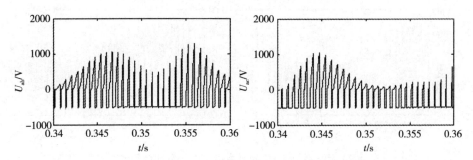

图6-12 VT4管短路、VT1管断路故障状态下特征信号波形(001010)

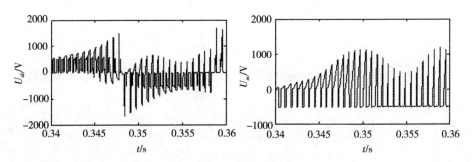

图6-13 VT5管短路、VT2管断路故障状态下特征信号波形(001011)

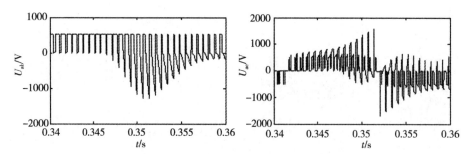

图 6-14　VT6 管短路、VT3 管断路故障状态下特征信号波形(001100)

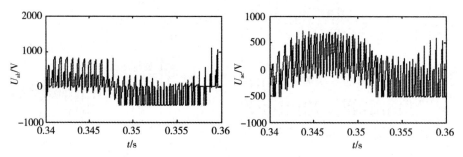

图 6-15　VT1 管断路、VT2 管断路故障状态下特征信号波形(001101)

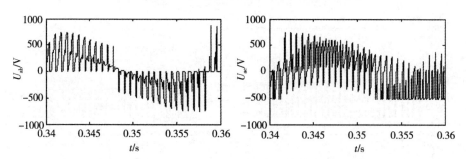

图 6-16　VT1 管断路、VT3 管断路故障状态下特征信号波形(001110)

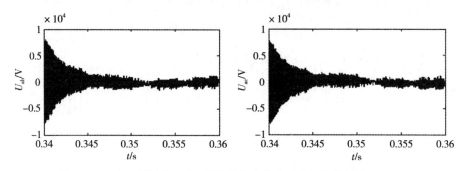

图 6-17　VT1 管断路、VT4 管断路故障状态下特征信号波形(001111)

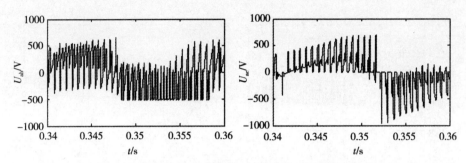

图 6-18　VT1 管断路、VT5 管断路故障状态下特征信号波形（010000）

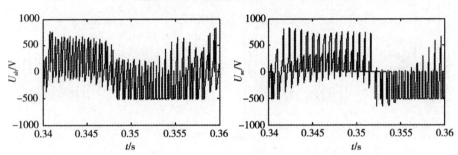

图 6-19　VT1 管断路、VT6 管断路故障状态下特征信号波形（010001）

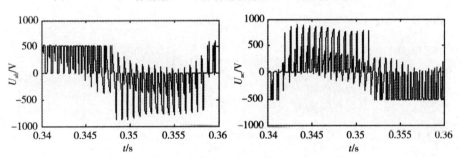

图 6-20　VT2 管断路、VT3 管断路故障状态下特征信号波形（010010）

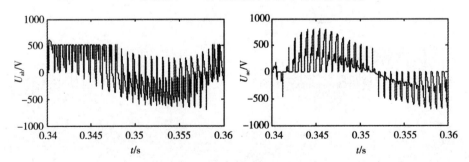

图 6-21　VT2 管断路、VT4 管断路故障状态下特征信号波形（010011）

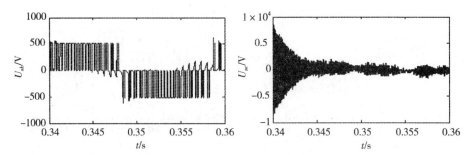

图 6 - 22 VT2 管断路、VT5 管断路故障状态下特征信号波形（010100）

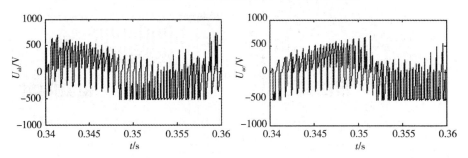

图 6 - 23 VT2 管断路、VT6 管断路故障状态下特征信号波形（010101）

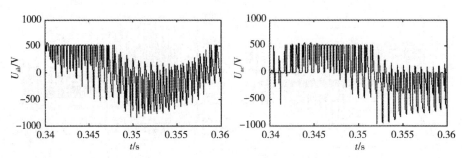

图 6 - 24 VT3 管断路、VT4 管断路故障状态下特征信号波形（010110）

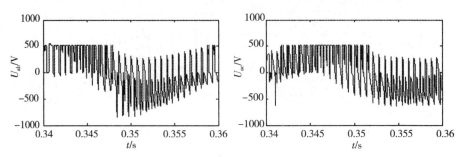

图 6 - 25 VT3 管断路、VT5 管断路故障状态下特征信号波形（010111）

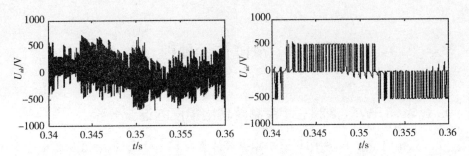

图 6 - 26　VT3 管断路、VT6 管断路故障状态下特征信号波形（011000）

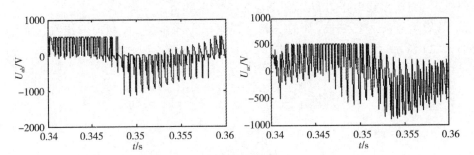

图 6 - 27　VT4 管断路、VT5 管断路故障状态下特征信号波形（011001）

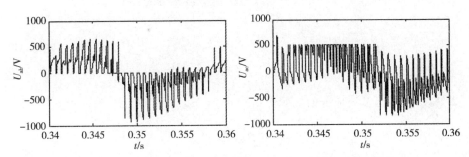

图 6 - 28　VT4 管断路、VT6 管断路故障状态下特征信号波形（011010）

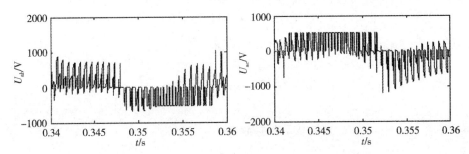

图 6 - 29　VT5 管断路、VT6 管断路故障状态下特征信号波形（011011）

6.4 故障信号处理

6.4.1 SPWM 调制三相变频器输出电压的谐波分析

在三相桥的情况下,在图 6-2 中根据晶体管 VT1～VT6 的导通和截止的不同组合,三相输出端 a、b、c 相对于直流回路的中心点 0 的电位分别为 $U_{DC}/2$ 或 $-U_{DC}/2$,而输出线电压为 U_{DC}、$-U_{DC}$ 和 0 三种数值。

假定信号波为正弦波,而且三相采样时间是同步的。a 相的输出电压 U_a 如式(6-1)所示,而输出线电压如式(6-2)所示。

$$U_a = U_{DC}\left\{ a\sin\omega_1 t + \sum_{k=1}^{\infty} 4/n\pi \sin\left[an\pi/2 \times \sin(\omega_1 t) + n\pi/2 \right] \cos(n\omega_s t) \right\}$$

$$(6-1)$$

$$U_{ab} = U_a - U_b \qquad (6-2)$$

再由式(6-1)和式(6-2)可以得到线电压的基波成分为:

$$U_{f(ab)} = U_{DC}/2\left[a\sin\omega_1 t - a\sin(\omega_1 t - 2\pi/3) \right] = \frac{\sqrt{3}}{2} a U_{DC} \sin\left(\omega_1 t + \frac{\pi}{6} \right)$$

$$(6-3)$$

可知,输出线电压基波成分的振幅为:

$$U_{f(ab)} = \frac{\sqrt{3}}{2} a U_{DC} \qquad (6-4)$$

下面再来分析一下谐波成分 U_h 的情况。

(1) 当 $n=1,3,5,\cdots$;$k=2,4,6,\cdots$ 时,得到式(6-5):

$$\frac{U_{h(ab)}}{U_{DC}/2} = \sum_{n=1}^{\infty} (-1)^{(n+1)/2} \left(\frac{4}{n\pi} \right) \sum_{k=2}^{\infty} J_k\left(\frac{an\pi}{2} \right) 2\sin\left(\frac{1}{3} k\pi \right)$$

$$\times \left\{ \sin\left[(k\omega_1 + n\omega_s) t - \frac{k\pi}{3} \right] + \sin\left[(k\omega_1 - n\omega_s) t - \frac{k\pi}{3} \right] \right\} \qquad (6-5)$$

角频率为 $(k\omega_1 \pm n\omega_s)$ 的谐波成分的振幅为:

$$U_{h(ab)} = \frac{\sqrt{3}}{2} \left(\frac{4}{n\pi} \right) J_k \frac{an\pi}{2} U_{DC} \qquad (6-6)$$

式(6-6)中，$n=1,3,5,\cdots;k=3(2m-1)\pm1;m=1,2,3,\cdots$。

(2) 当 $n=2,4,6,\cdots;k=1,3,5,\cdots$ 时，由式(6-3)、式(6-4)可得：

$$\frac{U_{h(ab)}}{U_{DC}/2}=\sum_{n=2}^{\infty}(-1)^{n/2}\left(\frac{4}{n\pi}\right)\sum_{k=1}^{\infty}J_k\left(\frac{an\pi}{2}\right)\times2\sin\left(\frac{1}{3}k\pi\right)$$

$$\times\left\{\cos\left[(k\omega_1+n\omega_s)t-\frac{k\pi}{3}\right]+\cos\left[(k\omega_1-n\omega_s)t-\frac{k\pi}{3}\right]\right\}\qquad(6-7)$$

角频率为 $(k\omega_1\pm n\omega_s)$ 的谐波成分的振幅为：

$$U_{h(ab)}=\frac{\sqrt{3}}{2}\left(\frac{4}{n\pi}\right)J_k\frac{an\pi}{2}U_{DC}\qquad(6-8)$$

式(6-8)中，$n=2,4,6,\cdots;k=\begin{cases}6m+1,m=0,1,\cdots;\\6m-1,m=1,2,\cdots。\end{cases}$

上述情况可以归纳如下：

在调制波为正弦波的情况下，采用对称规则采样调制方法所得到的三相变频器输出线电压的基波和谐波的振幅：基波成分（ω_1）的振幅为 $\sqrt{3}aU_{DC}/2$；谐波成分（$k\omega_1\pm n\omega_s$）的振幅为 $\frac{\sqrt{3}}{2}\left(\frac{4}{n\pi}\right)J_k\left(\frac{an\pi}{2}\right)$。这里，$n=1,3,5,\cdots$ 时 $k=3(2m-1)\pm1,m=1,2,\cdots;n=2,4,6,\cdots$ 时 $k=\begin{cases}6m+1,m=0,1,\cdots,\\6m-1,m=1,2,\cdots。\end{cases}$

三相变频器输出线电压的频谱如图6-3所示，可以看出在角频率 ω_s 的整数倍处高次谐波在图中基本消失了，另外在 $n=2,4,\cdots$ 时，在 $k=0$ 处没有高次谐波。此外，3 的倍数次谐波也由于同相位相抵消而从线电压里消失了。

6.4.2　故障信号特征量的选择

故障信号的处理方式主要有两种，第一种是对故障波形进行频谱分析，然后对频谱数据进行分析；第二种是直接获取故障数据，然后对数据进行分析。在时域中分析 U_{ab}、U_{ac} 波形获取故障特征信号非常麻烦，计算量会很大，通常通过傅里叶变换把时域中 U_{ab}、U_{ac} 的波形信号变换到频域上来分析，以获取更多故障特征，MATLAB 的库函数中有这方面的数学函数，使用非常方便，运用库函数中的 FFT 函数对 U_{ab}、U_{ac} 的波形信号进行分析，得到各次谐波的幅值和相角。

对故障信号进行频谱分析，在故障后一个周期内对逆变器输出线电压 U_{ab}、U_{ac} 波形进行采集，并进行频谱分析，获取更多的故障特征。

通过对线电压的谐波分析可知，输出线电压的谐波主要分布在载波频率和基波频率附近,可见图 6 - 30、图 6 - 31。

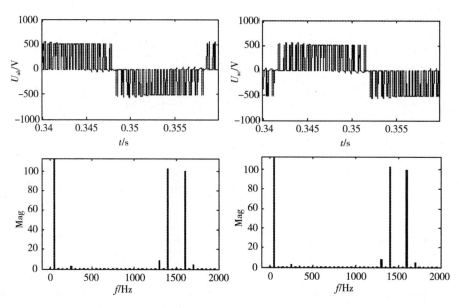

图 6 - 30　无故障稳定运行时 U_{ab}、U_{ac} 波形傅里叶变换

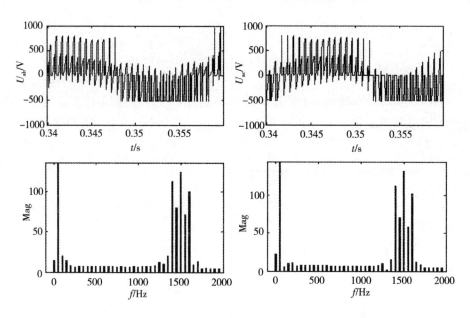

图 6 - 31　有故障(断路)故障运行时的 U_{ab}、U_{ac} 波形傅里叶变换

通过对 U_{ab}、U_{ac} 的波形信号傅里叶变换后的频谱图可以发现,输出在无开关故障状态下明显存在第 1、5、26、28、32、34 等阶次谱,开关故障状态下明显存在第 1、

4、5、26、27、28、29、30、31、32、33、34 等阶次谱。选取第 1、5、26、28、32、34 阶次谱作为故障特征分析诊断的依据,分别对各种故障状态下 U_{ab}、U_{ac} 的波形信号傅里叶变换得到第 1、5、26、28、32、34 次谐波的幅值和相位,如表 6-3 所示,1 断、2 断等表示第 1 管断路、第 2 管断路(功率管编号见图 6-2)。其中:$U_{abM}(n)$ 表示 U_{ab} 的第 n 次谐波幅值;$U_{abA}(n)$ 表示 U_{ab} 的第 n 次谐波相位;$U_{acM}(n)$ 表示 U_{ac} 的第 n 次谐波幅值;$U_{acA}(n)$ 表示 U_{ac} 的第 n 次谐波相位。

表 6-3　各故障状态下 U_{ab}、U_{ac} 波形信号傅里叶变换各次谐波幅值和相位列表

幅值或相位	1 断	2 断	3 断	4 断	5 断	6 断
$U_{abM}(1)$	338.1	368.3	360	384	372.2	325
$U_{abM}(5)$	5.829	1.875	5.711	14.98	2.714	10.48
$U_{abM}(26)$	10.5	13.34	10.01	7.108	15.35	13.55
$U_{abM}(28)$	112.5	118.2	117.2	117.8	121.8	122.66
$U_{abM}(32)$	100.4	98.07	97.03	90.14	98.2	106
$U_{abM}(34)$	12.63	6.15	4.992	9.246	4.74	2.784
$U_{abA}(1)$	35.64	36.23	33.28	40.07	36.4	33.93
$U_{abA}(5)$	−134.8	0.0935	29.95	50.69	−74.69	−101.7
$U_{abA}(26)$	−99.83	−28.65	6.04	−69.36	−18.57	−36.59
$U_{abA}(28)$	21.1	27.35	29.55	25.77	24.48	24.06
$U_{abA}(32)$	−35.33	−34.33	−36.51	−40.45	−37.99	−39.83
$U_{abA}(34)$	54.5	−13.82	39.79	77.01	−45.78	30.36
$U_{acM}(1)$	336	348.1	364.1	353.7	364.8	364.5
$U_{acM}(5)$	6.243	8.136	1.348	15.79	10.7	2.27
$U_{acM}(26)$	1.475	6.648	7.642	2.59	16.61	12.71
$U_{acM}(28)$	111.2	111.8	109.6	121.6	141.5	114.1
$U_{acM}(32)$	101.5	102.8	96.76	84.26	103.5	106.1
$U_{acM}(34)$	7.818	10.19	3.595	5.011	18.18	4.88
$U_{acA}(1)$	−29.41	−27.86	−27.53	−24.46	−18.47	−25.82
$U_{acA}(5)$	−154.1	162.4	47.47	51.62	60.5	89.1
$U_{acA}(26)$	114.8	74.66	50.95	140.6	−19.38	24.37
$U_{acA}(28)$	−36.45	−32.66	−32.74	−33.31	−40.18	−39.25
$U_{acA}(32)$	27.59	20.96	26.64	26.63	14.18	23.79
$U_{acA}(34)$	61.66	−34	−54.36	92.8	−55.64	−64.92

（续表）

幅值或相位	1短、4断	2短、5断	3短、6断	4短、1断	5短、2断	6短、3断
$U_{abM}(1)$	349.6	494.9	277.8	266.1	427.6	358.8
$U_{abM}(5)$	9.884	10.06	40.52	6.539	15.91	6.313
$U_{abM}(26)$	17.65	56.16	30.37	23.14	31.16	16.47
$U_{abM}(28)$	90.16	226	114.9	127.5	151.5	136.7
$U_{abM}(32)$	137.3	157.1	77.54	156	166.2	63.67
$U_{abM}(34)$	13.4	16.4	35.83	7.468	30.63	8.001
$U_{abA}(1)$	43.77	47.27	26.48	55.62	35.37	20.08
$U_{abA}(5)$	−59.9	−91.37	−179.7	−120.2	−169.7	29.62
$U_{abA}(26)$	−41.3	−62.18	−129.3	−91.42	−82.18	20.96
$U_{abA}(28)$	43.01	26.58	−13.1	28.54	27.76	2.483
$U_{abA}(32)$	−64.7	38.43	16.44	−71.34	−20.91	−20.26
$U_{abA}(34)$	15.84	44.08	68.91	62.17	31.75	−25.2
$U_{acM}(1)$	386.1	370.2	453.6	312.1	288.6	442.4
$U_{acM}(5)$	9.038	18.51	16.72	3.928	20.86	5.974
$U_{acM}(26)$	23.8	11.36	27.86	18.52	24.87	20.2
$U_{acM}(28)$	169.4	92.24	223.3	124.1	83.93	170.4
$U_{acM}(32)$	66.49	127.2	186.5	54.11	145.3	149.1
$U_{acM}(34)$	16.25	23.42	13.37	9.857	20.47	16.21
$U_{acA}(1)$	−35.21	1.145	−14.39	−43.28	−15.68	−27.87
$U_{acA}(5)$	−16.55	45.38	173.6	109.4	172	66.94
$U_{acA}(26)$	36.69	−97.05	−47.51	88.91	−126.2	40.76
$U_{acA}(28)$	−55.57	−23.58	−45.57	−54.89	−36.2	−20.18
$U_{acA}(32)$	24.15	2.303	34.13	32.49	1.603	30.68
$U_{acA}(34)$	−81.58	67.15	46.19	−128.4	49.79	−51.69

（续表）

幅值或相位	1、2 断	1、3 断	1、4 断	1、5 断	1、6 断	2、3 断	2、4 断
$U_{abM}(1)$	345.6	325.2	310.9	307.7	311.9	360.9	367.6
$U_{abM}(5)$	7.749	2.959	4.15	9.88	10.73	7.148	14.11
$U_{abM}(26)$	8.407	4.208	1.5	18.45	12.13	9.604	9.459
$U_{abM}(28)$	105.1	75.41	61.13	94.31	135.9	113.1	75.52
$U_{abM}(32)$	106.3	71.13	39.89	109.4	121.2	101.3	89.59
$U_{abM}(34)$	13.09	8.833	8.704	6.876	15.99	6.519	11.9
$U_{abA}(1)$	33.39	27.77	34.66	40.09	36.41	33.17	37.82
$U_{abA}(5)$	−117.2	−123.3	83.39	−105.2	−124.1	29.87	36.05
$U_{abA}(26)$	−138.3	118.3	73.22	−72.08	−99.57	−5.119	−107.5
$U_{abA}(28)$	16.57	17.13	88.14	33.19	16.39	30.37	45.33
$U_{abA}(32)$	−29.18	−40.41	−92.79	−42.44	−36.59	−36.54	−31.49
$U_{abA}(34)$	72.51	85.37	68.82	−8.476	82.66	41.04	78.68
$U_{acM}(1)$	331.6	341.5	321.4	285.9	327.7	360.9	332.9
$U_{acM}(5)$	10.93	6.861	6.404	3.152	7.998	6.019	14.11
$U_{acM}(26)$	9.645	5.197	11.17	11.01	4.222	8.311	10.42
$U_{acM}(28)$	124.7	108.8	48.47	101.6	117.9	111.6	80.35
$U_{acM}(32)$	113.4	90.68	53.07	74.32	107.9	106.4	65.56
$U_{acM}(34)$	6.569	5.72	5.314	11.23	8.472	10.52	5.769
$U_{acA}(1)$	−28.52	−32.7	−32.87	−24.04	−27.19	−27.84	−25.75
$U_{acA}(5)$	−166.7	−149.4	69.17	110.1	−179.7	142.7	65.91
$U_{acA}(26)$	143.2	147.6	74.31	−70.18	−49.01	77.55	152.6
$U_{acA}(28)$	−37.3	−35.25	−88.53	−58.08	−36.34	−35.29	−43.12
$U_{acA}(32)$	21.98	46.49	84.9	19.22	24.82	23.02	20.76
$U_{acA}(34)$	32.83	92.82	82.04	−22.05	49.77	−44.59	76.97

（续表）

幅值或相位	2、5断	2、6断	3、4断	3、5断	3、6断	4、5断	4、6断	5、6断
$U_{abM}(1)$	317.3	316.8	379.1	365.3	325.6	377.2	313	330.9
$U_{abM}(5)$	31.44	9.488	19.07	8.422	2.854	8.45	0.701	7.757
$U_{abM}(26)$	24.52	10.51	4.586	8.505	4.8	7.434	4.846	16.93
$U_{abM}(28)$	92.68	116.8	131.8	124.8	56.35	120.2	90.35	127.5
$U_{abM}(32)$	76.34	101.5	98.92	77.35	46.92	99.91	69.69	108.4
$U_{abM}(34)$	9.779	9.765	13.88	4.798	3.621	9.023	6.791	3.297
$U_{abA}(1)$	27.46	28.48	41.15	36.72	24.95	43.51	40.54	39.72
$U_{abA}(5)$	−165.6	−129.3	51.92	40.33	−38.33	33.32	55	−58.13
$U_{abA}(26)$	−92.2	−95.41	−7.875	6.976	−18.8	−69.77	−53.57	−49.43
$U_{abA}(28)$	28.88	18.91	28.02	31.09	−32.9	17.4	7.284	27.86
$U_{abA}(32)$	−36.58	−14.26	−40.48	−19.49	23.76	−36.13	−40.09	−43.72
$U_{abA}(34)$	98.87	68.38	80.69	76.84	−65.26	58.93	114.6	15.78
$U_{acM}(1)$	295.9	306.6	358.5	351.1	350.2	353.3	337.4	345.2
$U_{acM}(5)$	9.933	10.74	17.27	13.84	0.8236	17.98	16.76	8.214
$U_{acM}(26)$	12.05	3.893	4.238	13.49	8.629	8.852	8.678	16.73
$U_{acM}(28)$	48.77	84.52	108.1	94.47	110.4	154.4	140.1	137.5
$U_{acM}(32)$	43.36	113.7	90.25	90.12	94.92	104	81.84	114.4
$U_{acM}(34)$	4.611	9.2	7.306	11.97	4.121	12.64	4.584	19.31
$U_{acA}(1)$	−24.95	−28.17	−20.58	−17.21	−27.54	−14.77	−19.96	−17.69
$U_{acA}(5)$	71.87	173.2	56.53	48.94	−1.84	77.39	62.2	68.86
$U_{acA}(26)$	−103.4	−148.2	82.49	−44.8	3	−34.49	−25.17	−35.26
$U_{acA}(28)$	34.37	−17.8	−30.61	−21.97	−31.18	−39.22	−39.07	−49.71
$U_{acA}(32)$	−30.1	20.74	27.24	21.66	25.36	16.49	34.22	22.49
$U_{acA}(34)$	21.4	4.745	79.82	−46.69	−45.74	−30.33	−81.48	−47.19

6.4.3　故障信号特征量的处理

本书中所提出的故障诊断方法是求取故障特征量在故障状态下与无故障状态下的频谱偏差,利用相对于正常状态下的频谱差大小变化规律诊断出不同的故障状态。即对逆变器输出电压进行分析处理获得输出电压频谱,当逆变器某功率开关器件发生故障时,其输出信号的频谱会发生相应的变化。这就是说,不同故障下逆变器输出信号的各阶频谱不同于正常系统下输出信号的频谱。因此,选取故障后逆变器与无故障逆变器的输出信号的各阶谱之差(即频谱差)作为故障特征量。为了便于研究,特作如下定义:

$U_M(n)$表示系统无故障时输出电压频谱第 n 次谐波幅值。

$U_A(n)$表示系统无故障时输出电压频谱第 n 次谐波相位。

$U'_M(n)$为实际系统的输出电压频谱第 n 次谐波幅值。

$U'_A(n)$为实际系统的输出电压频谱第 n 次谐波相位。

则频谱差可以表示为:

$$EU_M(n) = U'_M(n) - U_M(n) \qquad\qquad (6-9)$$

$$EU_A(n) = U'_A(n) - U_A(n) \qquad\qquad (6-10)$$

式(6-9)和式(6-10)中:$n=1,2,3,\cdots,N$;$EU_M(n)$表示第 n 阶幅值谱差;$EU_A(n)$表示第 n 阶相位谱差。

当频谱差为零时,认为系统无故障。当然选取的故障特征信息越多,故障诊断的正确率会相应地提高,但过多的故障特征信息会增加诊断系统的复杂性,不利于实际实现。通过对各次谐波分析知道,U_{ab} 的第 1、26、28、32 次谐波的幅值及相位、5 次谐波的相位和 U_{ac} 的第 1、26、28、32 次谐波的幅值及 26 次谐波的相位基本上就包含了能进行故障分离的各种信息。现对以上几个量求取频谱差,如表 6-4 所示。

$EU_{abM}(n)$ 表示故障状态下 U_{ab} 的第 n 次谐波幅值与无故障状态下第 n 次谐波的幅值差。

$EU_{abA}(n)$ 表示故障状态下 U_{ab} 的第 n 次谐波相位与无故障状态下第 n 次谐波的相位差。

$EU_{acM}(n)$ 表示故障状态下 U_{ac} 的第 n 次谐波幅值与无故障状态下第 n 次谐波的幅值差。

$EU_{acA}(n)$ 表示故障状态下 U_{ac} 的第 n 次谐波相位与无故障状态下第 n 次谐波的相位差。

表6-4　特征信号频谱差列表

频谱差	1 断	2 断	3 断	4 断	5 断	6 断
$EU_{abM}(1)$	−17.9	12.3	4	28	16.2	−31
$EU_{abM}(26)$	2.863	5.703	2.373	−0.529	7.713	5.913
$EU_{abM}(28)$	10	15.7	14.7	15.3	19.3	20.16
$EU_{abM}(32)$	1.14	−1.19	−2.23	−9.12	−1.06	6.74
$EU_{abA}(1)$	4.34	4.93	1.98	8.77	5.1	2.63
$EU_{abA}(5)$	−149.44	−14.55	15.31	36.05	−89.33	−116.34
$EU_{acM}(1)$	−20	−7.9	8.1	−2.3	8.8	8.5
$EU_{acM}(26)$	−6.092	−0.919	0.075	−4.977	9.043	5.143
$EU_{acM}(28)$	8.8	9.4	7.2	19.2	39.1	11.7
$EU_{acM}(32)$	2.23	3.53	−2.51	−15.01	4.23	6.83
$EU_{acA}(26)$	103.03	62.89	39.18	128.83	−31.15	12.6
频谱差	1 短、4 断	2 短、5 断	3 短、6 断	4 短、1 断	5 短、2 断	6 短、3 断
$EU_{abM}(1)$	−6.4	138.9	−78.2	−89.9	71.6	2.8
$EU_{abM}(26)$	10.01	48.52	22.73	15.50	23.52	8.83
$EU_{abM}(28)$	−12.34	123.5	12.4	25	49	34.2
$EU_{abM}(32)$	38.04	57.84	−21.72	56.74	66.94	−35.59
$EU_{abA}(1)$	12.47	15.97	−4.82	24.32	4.07	−11.22
$EU_{abA}(5)$	−74.54	−106.01	−194.34	−134.84	−184.34	14.98
$EU_{acM}(1)$	30.1	14.2	97.6	−43.9	−67.4	86.4
$EU_{acM}(26)$	16.233	3.793	20.293	10.953	17.303	12.633
$EU_{acM}(28)$	67	−10.16	120.9	21.7	−18.47	68
$EU_{acM}(32)$	−32.78	27.93	87.23	−45.16	46.03	49.83
$EU_{acA}(26)$	24.92	−108.82	−59.28	77.14	−137.97	28.99

（续表）

频谱差	1、2 断	1、3 断	1、4 断	1、5 断	1、6 断	2、3 断	2、4 断
$EU_{abM}(1)$	−10.4	−30.8	−45.1	−48.3	−44.1	4.9	11.6
$EU_{abM}(26)$	0.77	−3.429	−6.137	10.813	4.493	1.967	1.822
$EU_{abM}(28)$	2.6	−27.09	−41.37	−8.19	33.4	10.6	−26.98
$EU_{abM}(32)$	7.04	−28.13	−59.37	10.14	21.94	2.04	−9.67
$EU_{abA}(1)$	2.09	−3.53	3.36	8.79	5.11	1.87	6.52
$EU_{abA}(5)$	−131.84	−137.94	68.75	−119.84	−138.74	15.23	21.41
$EU_{acM}(1)$	−24.4	−14.5	−34.6	−70.1	−28.3	4.9	−23.1
$EU_{acM}(26)$	2.078	−2.37	3.603	3.443	−3.345	0.744	2.853
$EU_{acM}(28)$	22.3	6.4	−53.93	−0.8	15.5	9.2	−22.05
$EU_{acM}(32)$	14.13	−8.59	−46.2	−24.95	8.63	7.13	−33.71
$EU_{acA}(26)$	131.43	135.83	62.54	−81.95	−60.78	65.78	140.83

频谱差	2、5 断	2、6 断	3、4 断	3、5 断	3、6 断	4、5 断	4、6 断	5、6 断
$EU_{abM}(1)$	−38.7	−39.2	23.1	9.3	−30.4	21.2	−43	−25.1
$EU_{abM}(26)$	16.883	2.873	−3.051	0.868	−2.837	−0.203	−2.791	9.293
$EU_{abM}(28)$	−9.82	14.3	29.3	22.3	−46.15	17.7	−12.15	25
$EU_{abM}(32)$	−22.92	2.24	−0.34	−21.9	−52.34	0.65	−29.57	9.14
$EU_{abA}(1)$	−3.84	−2.82	9.85	5.42	−6.35	12.21	9.24	8.42
$EU_{abA}(5)$	−180.24	−143.9	37.28	25.69	−52.97	18.68	40.36	−72.7
$EU_{acM}(1)$	−60.1	−49.4	2.5	−4.9	−5.8	−2.7	−18.6	−10.8
$EU_{acM}(26)$	4.483	−3.674	−3.329	5.923	1.062	1.285	1.111	9.163
$EU_{acM}(28)$	−53.63	−17.88	5.7	−7.93	8	52	37.7	35.1
$EU_{acM}(32)$	−55.91	14.43	−9.02	−9.15	−4.35	4.73	−17.43	15.13
$EU_{acA}(26)$	−115.17	−159.9	70.72	−56.6	−8.77	−46.26	−36.94	−47

6.5 故障的逻辑诊断流程

通过对以上相应特征信息的谱差列表总结分析，得出一种简单的逻辑诊断故障的方法，此方法完全可以准确、快速地分离出系统故障的类型。故障的诊断流程如图 6-32 所示。

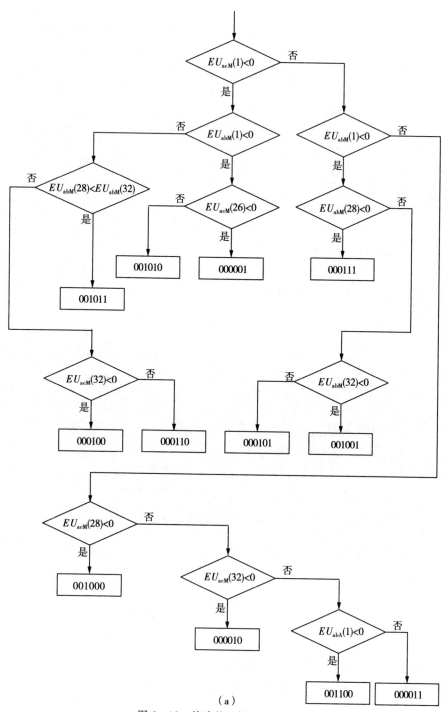

（a）

图 6-32　故障的逻辑诊断流程图

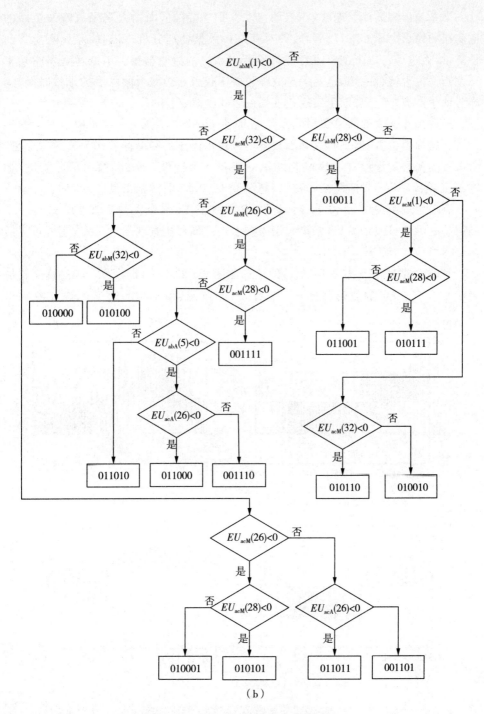

（b）

图 6 - 32　故障的逻辑诊断流程图（续）

当系统出现故障状态时,在启动自动保护功能的同时需要记录故障发生后的逆变器的输出电压 U_{ab}、U_{ac} 信号,并对其进行数据处理分析,得到故障诊断所需的特征量,通过运行以上逻辑流程即可诊断出系统的故障类型。不论逆变器中功率开关器件发生何种故障,迅速确定故障位置不仅可有效减少故障后的维修时间,提高劳动生产率,而且有助于实现逆变器的容错驱动。

虽然图 6-32 的简单逻辑判断策略是基于在调制深度 $a=0.8$ 的情况下归纳而得出的数据参数,但是研究判断故障是以输出电压的频谱偏差作为故障特征量,所以不同的调制深度并不影响判断诊断流程的可行性。在此,给出部分故障(如 VT2 管断路、VT5 管断路故障)在调制深度 $a=0.85$ 时的输出波形。

现设定调制深度 $a=0.85$ 时,VT2 管断路、VT5 管断路故障发生后进行一个周期的故障信号波形采集,采集起始时刻参考点同样也选在线电压 U_{ab} 正向过零后 $30°$ 时刻。

VT2 管断路障状态下 U_{ab}、U_{ac} 的波形如图 6-33(a)、(b)所示,VT5 管断路故障状态下 U_{ab}、U_{ac} 的波形如图 6-33(c)、(d)所示,横坐标为时间 t,纵坐标为电压 U。

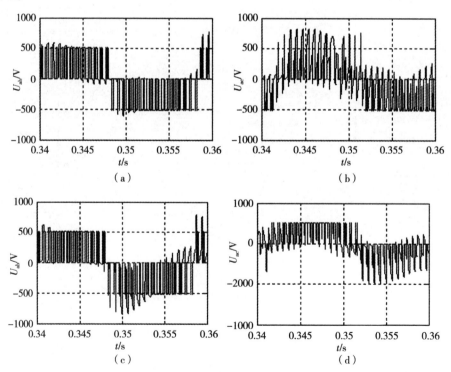

图 6-33　$a=0.85$ 时,VT2 管断路、VT5 管断路故障状态下 U_{ab}、U_{ac} 的波形

以图 6-33 的 VT2 管断路故障状态下 U_{ab}、U_{ac} 的波形，VT5 管断路故障状态下 U_{ab}、U_{ac} 的波形分别与图 6-14、图 6-7 中的相应故障波形比较，可以明显看出不同调制深度的相同故障下输出电压的不对称状态相同。因此，得出在变调制深度状况下，图 6-32 诊断流程仍具有普遍性和可行性。

6.6　本章小结

本章在建立模型基础上，对电动机驱动系统的故障工况进行了分析。本章分析了电动机变频调速系统中逆变器中功率开关器件经常发生的几种故障模式及其发生的原因，分析了 PWM 逆变器在各故障模式下的动态特性，研究了各故障模式对电动机变频调速系统的影响，得到了一些非常有价值的结果。当变频器供电的电动机调速系统中逆变器发生故障时，逆变器输出三相电压是不对称的，而这种电压不对称程度是描述逆变器运行状态的重要依据。在 MATLAB 环境中对该系统在不同故障的不同输出情况下进行了仿真，提取相关特征信号的波形（逆变器的输出电压波形），运用了频谱残差的概念，利用傅里叶变换理论获得了逆变器驱动系统的故障特征，给出了一种简单的故障决策逻辑判断流程，实现了逆变器驱动系统的故障检测和诊断。

本章提出了一种逆变器故障诊断的逻辑判断方法，可以有效地判断开关的故障性质和故障桥的位置，从而为后续分析提供依据。本章模拟了逆变器各种故障情况，采集了各状态下的输出电压波形，然后通过 FFT 频谱分析提取其频域故障特征。同时本章获取各阶次频谱分量作为反映逆变器不同故障状态的特征信号，计算有、无故障信号特征量的频谱偏差，建立映射关系，以实现故障分离。

第7章 故障诊断实验验证

为进一步验证第5、6两章所建立的逻辑判断结构的可行性和有效性,可以采用两种方法来实现,一种是利用仿真数据验证,另一种是建立实际故障诊断系统,并对输出数据实测用以验证,采用逻辑判断故障诊断系统用软、硬件来实现,对实际逆变器系统进行故障诊断。硬件和软件配合对电路故障信号进行检测并处理,编程实现故障逻辑判断算法对故障进行诊断。本章将对实际的实验系统做简要介绍,出于验证可行性的考虑,仅对部分故障进行实验系统验证诊断。

7.1 系统硬件总体结构

实验系统运用的变频器采用交-直-交电压源型变频器结构,主要硬件有主电路和控制电路,主电路由整流电路、滤波电路和逆变电路等组成,控制电路以微机控制芯片为控制核心单元,外围电路有强弱电隔离电路,A/D 与 D/A 转换电路,电流、电压检测电路,控制面板电路和必要的通信电路等,此外还包括必要的保护电路。系统硬件总体结构框图如图 7-1 所示。

7.2 变频器主电路及元件选择

图 7-1 所示的主电路采用交-直-交电压源型变频器结构。整流电路采用二极管整流模块,滤波电路采用电容滤波电路(电压源型),逆变部分采用 3 个半桥功率逆变模块。下面对各部分电路进行分析,并计算相应的功率开关器件的额定参数。

7.2.1 整流及滤波电路

整流及滤波电路的具体结构见图 7-1 所示,三相交流电源接到变频器输入端

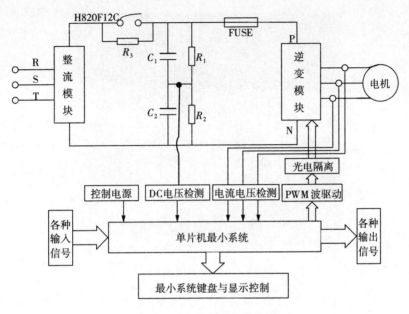

图 7-1 变频器系统结构图

R、S、T,经过三相桥式整流模块后得到直流脉动电压,再经过滤波电容 C_1、C_2 的滤波作用后,到逆变模块的直流端子 P、N。R_3 作为初始充电时的限流电阻,在变频器刚上电时,由于滤波电容还未充电,如不用电阻 R_3 限流,会导致极大的充电电流,引起整流模块、滤波电容和变频器输入前电气设备的损坏,但在变频器正常工作时,限流电阻上长期流过工作电流,会导致电阻损坏和能量浪费,所以用继电器(实际型号 H820F12C)把限流电阻旁路掉。具体工作如下:变频器刚上电时通过限流电阻对滤波电容进行充电,控制电路检测直流母线电压,当母线电压达到一定值时(在此选正常母线电压的 80%),旁路继电器动作,将限流电阻旁路,进入正常工作状态。同样,在变频器切除电源时,母线电压会逐渐下降,当下降到一定值时,断开旁路接触器,为下一次上电做好准备。R_3 设计为短时工作,大小为 0.5Ω/5W。R_1、R_2 为滤波电容 C_1、C_2 的均压电阻,其中 C_1 为 680μF,C_2 为 680μF,耐压均为 400V。其中滤波及限流环节电路如图 7-2 所示,整流模块中整流二极管的参数选择分析如下。

7.2.1.1 电压额定值

整流二极管的耐压按式(7-1)确定,根据电网电压,考虑其峰值、波动、闪电雷击等因素,取波动系数为 1.1,安全系数 $a \geqslant 2$。

$$U_{RPM} \geqslant U_{RS} \times \sqrt{2} \times 1.1a \tag{7-1}$$

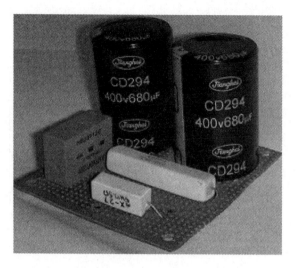

图 7 - 2　滤波及限流环节电路

输入电压 U_{RS} 为 380V 交流,可得直流电压峰值达近 538V,考虑到其他外在因素的影响后,在此选择耐压 U_{RPM} 的值为 1200V 系列的二极管。

7.2.1.2　电流额定值

整流二极管额定电流按式(7 - 2)确定,式中,I_R 为输出负载冲击电流值,a 为安全系数,常取 $a=2$。

$$I^2 t \geqslant I_R^2 t a \qquad (7-2)$$

变频器 I_R 按设计要求取 25A,因此,选择额定电流值为 50A 的整流二极管。

由以上推导可知,变频器的整流二极管选择参数为耐压 1200V、额定电流 50A 的二极管,整流模块如图 7 - 3 所示。

图 7 - 3　整流模块

7.2.2 逆变电路

逆变模块功率开关器件的参数选择分析如下。

7.2.2.1 电压额定值

选择功率开关器件与整流二极管的最大不同是,整流二极管的输入端直接与电网相连,电网易受外界干扰,特别是雷电干扰,因此,选择的安全系数 a 较大;而位于逆变桥上,其输入端常与电力电容并联,电力电容起到了缓冲波动和干扰的作用,因此安全系数不必取得很大。电网电压为 380V,平波后的直流电压由式(7-3)确定。

$$E_d = 380 \times \sqrt{2} \times 1.1a = 650(\text{V}) \tag{7-3}$$

式(7-3)中,1.1 是波动系数,一般取安全系数 $a = 1.1$。关断时的峰值电压按式(7-4)计算:

$$U_{CESP} = (650 \times 1.15 + 150) \times a = 987(\text{V}) \tag{7-4}$$

式(7-4)中,1.15 为过电压保护系数;a 为安全系数,一般取 1.1;150 为由 LdI/dt 引起的尖峰电压。令 $U_{CEP} \geqslant U_{CESP}$,并向上靠拢功率开关管的实际电压等级,取 $U_{CEP} = 1200\text{V}$。

7.2.2.2 电流额定值

设电网电压 U_{in} 为 380V,负载功率为 5.5kW,变频器的容量为 10kV·A。

$$P = \sqrt{3} U_O I_O \tag{7-5}$$

$$U_O = 0.9 U_{in} \tag{7-6}$$

$$I_O = I_C / (\sqrt{2} \times 1.5 \times 1.4) \tag{7-7}$$

式(7-5)~式(7-7)中,P 为变频器容量;0.9 为电网电压向下的波动系数;$\sqrt{2}$ 为 I_O 的峰值;1.5 为允许 1 分钟过载容量;1.4 为 I_C 减小系数。因为功率开关器件手册上给出的 I_C 是在结温25℃条件下,在实际工作时,由于热损耗,T_j 总要升高,I_C 的实际允许值将下降,由式(7-5)~式(7-7)可以求出。

$$I_C = \frac{\sqrt{2} \times 1.5 \times 1.4 \times P}{\sqrt{3} \times 0.9 \times U_{in}} \tag{7-8}$$

根据功率开关器件的等级,I_C 实取 50A。

由上可知,容量为 10kV·A 的变频器功率开关器件选择参数为耐压 1200V、额定电流 50A,其中逆变模块如图 7-4 所示。

图 7-4　逆变模块

7.3　控制电源系统的设计

在逆变器系统中,控制回路、开关管驱动电路、输出信号处理电路以及监控单元,都需要电压等级不同的电源,统称为辅助电源。

为了方便分析,在试验中,把主电路动力电源和控制电路电源(辅助电源)分别单独控制,其中控制电源交流变压器为一个交流 380V 初级电压,多路次级侧输出,经整流分别供给处理芯片、驱动电路、检测保护电路。

电机控制逆变器开关电源是一个具有多路输出的直流电源,由高频变压器 8 个副边绕组经整流滤波后获得。开关电源的性能在很大程度上取决于变压器的设计,具体控制电源变压器规格如下:原边为 380V;副边为 7.5V/200mA 独立绕组 3 组、7.5V/500mA 独立绕组 1 组、8.5V/200mA 独立绕组 1 组、18V-0-18V/100mA 中心抽头绕组 1 组、11V/1A 独立绕组 1 组、15V/200mA 独立绕组 1 组,分别用于 3 路上桥驱动电源、1 路下桥驱动电源、1 路保护 5V 交流输入、1 路保护运算放大器交流输入、1 路 CPU 电源输入和 1 路保证电路稳定。

7.4　控制软件流程

作为一个微机控制系统,变频器软件系统中的基本主程序与其他针对系统性能要求而增加的功能子程序的安排至关重要,特别是与研究系统密切关联的故障诊断子程序的编列安排更为重要。其中子程序都是采用模块化编程,作为项目文件的一个源文件,可以随意增减实现不同功能的变频系统。图 7-5 是主程序及故障诊断子程序的设计流程图。故障诊断子程序系统的软件实现流程如图 7-6 所示,故障信息按编排好的故障代码显示出来。故障信息编码在第 6 章已列出,见表6-2。

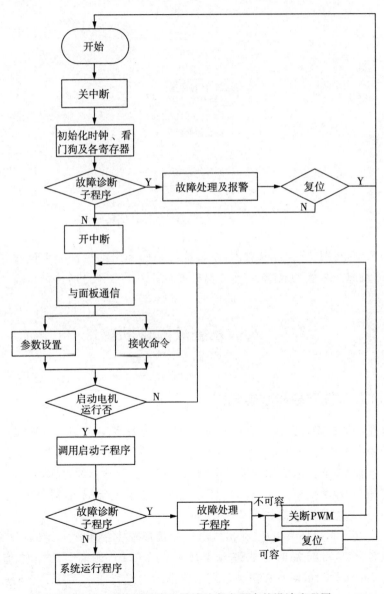

图 7-5　系统主程序及故障诊断书程序的设计流程图

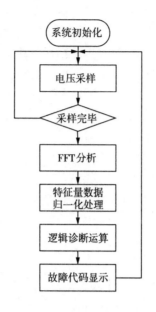

图 7-6　故障诊断子程序系统的软件实现流程图

从图 7-5 与图 7-6 可以看出,在系统启动前和启动后都分别运行故障诊断程序,以尽量减少系统的故障运行,并对检测诊断到的故障及时检修排除。

7.5　实验系统故障诊断验证

7.5.1　系统无故障状态输出

要对提出的逻辑诊断流程进行实际验证,需要分别对系统无故障状态和故障状态下的输出电压进行检测。然后对实测信号进行处理,得到诊断所需的故障信号特征量,用以验证。系统无故障状态输出的相电流与输出线电压如下。

输出相电流测量环节包括:±15V 电源,霍尔电流传感器型号为 HLX-30ATE(中旭),测量电路图如图 7-7 所示。

输出线电压测量环节包括:输出线电压测量环节主要采用 Tektronix 示波器,由于此型号示波器配备的是非差分电压探头 P2220,最高可耐峰峰值电压为300V,故实际实验测量时是在探头最高耐压范围内进行的。实际系统正常运行条件下输出相电流、线电压波形如图 7-8 所示。

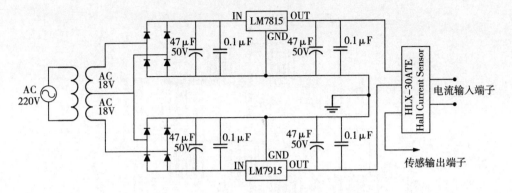

图 7 - 7　相电流测量电路

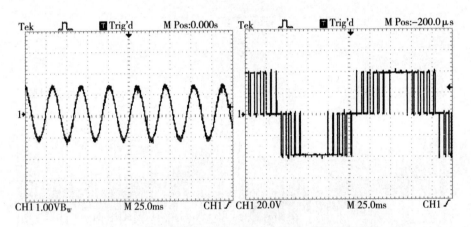

图 7 - 8　系统正常运行条件下输出相电流、线电压波形图

从图 7 - 8 可以发现，系统输出稳定，输出电流正弦度好、谐波少、电压为理想的 SPWM 波。依据第 6 章提出的方法提取实际系统的故障波形并分析，故障诊断所必需的 U_{ab}、U_{ac} 波形均在工频 50 Hz 下经衰减后通过示波器测得实际波形及其频谱，所有实验验证均事先进行了仿真，以确保系统在故障时逆变器中开关管流过的最大电流和最大端电压均在额定范围内，故选择逆变侧输入直流电压较小。

图 7 - 9 为试验系统在无故障运行下 U_{ab} 和 U_{ac} 的波形。

分别对图 7 - 9 输出电压 U_{ab}、U_{ac} 进行傅里叶变换，得到频谱如图 7 - 10 所示。

对图 7 - 10 的波形进行存储，得到 U_{ab}、U_{ac} 的波形的频谱数据信息，由接口将数据送至 PC 机，通过分析软件对数据进行分析，计算结果如表 7 - 1 所示。在此，仅验证了 VT1 管断路故障的诊断，根据第 3 章所列的逻辑诊断流程图仅将需要的特征量数据列于表 7 - 1 中。

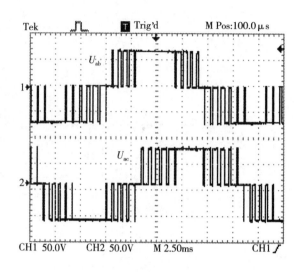

图 7 - 9   系统无故障运行下 U_{ab}、U_{ac} 的波形

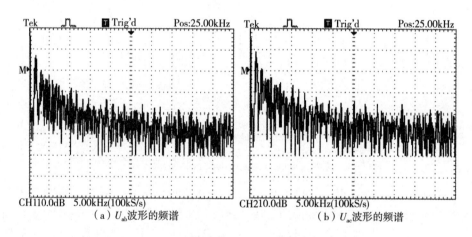

（a）U_{ab} 波形的频谱 　　　　　　　　　（b）U_{ac} 波形的频谱

图 7 - 10   系统无故障输出 U_{ab}、U_{ac} 的傅里叶变换频谱图

表 7 - 1   VT1 管断路诊断所需特征信号特征量值列表（正常无故障状态）

特征量值	$U_{acM}(1)$	$U_{abM}(1)$	$U_{acM}(26)$
	36	36	0.8

7.5.2　系统故障诊断验证

通过验证逆变环节的部分故障（VT1 管断路故障）来证明前面提出的诊断方法的正确性与可行性。在工频 50 Hz 下，VT1 管断路故障时的 U_{ab}、U_{ac} 的波形经衰

减后通过示波器测得实际波形及其频谱,在 50 Hz 运行情况下,VT1 管断路时输出不对称电压 U_{ab}、U_{ac} 的波形如图 7-11 所示。

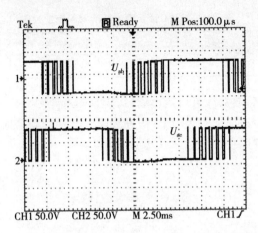

图 7-11 VT1 管断路时输出电压 U_{ab}、U_{ac} 的波形

VT1 管断路状态下对 U_{ab}、U_{ac} 的傅里叶变换的频谱图如图 7-12 所示。

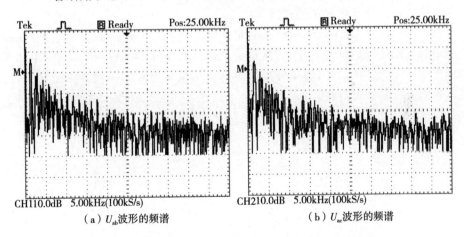

（a）U_{ab} 波形的频谱　　　　　　　　（b）U_{ac} 波形的频谱

图 7-12 VT1 管断路时输出 U_{ab}、U_{ac} 的傅里叶变换频谱图

对图 7-12 的波形进行全存储得到 U_{ab}、U_{ac} 的波形的频谱数据信息,由接口将数据送至计算机,通过分析软件对数据分析计算,结果如表 7-2 所示。

表 7-2 VT1 管断路诊断所需特征信号特征量值列表

特征量值	$U_{acM}(1)$	$U_{abM}(1)$	$U_{acM}(26)$
	34.3	34.4	0.22

在此,依据诊断所需的特征量,对照第 6 章的诊断流程图(图 6 - 32),求得的频谱差如表 7 - 3 所示。

表 7 - 3　VT1 管断路诊断所需频谱差列表

频谱差	$EU_{acM}(1)$	$EU_{abM}(1)$	$EU_{acM}(26)$
	<0	<0	<0

由该方法和实验数据计算出频谱差后,再返回对照图 7 - 6,由以上数据可顺利分离出系统故障,验证出此时为 VT1 管断故障。其他故障诊断方法参考该思路进行,在此不再一一赘述。

7.6　本章小结

本章为进一步验证前续工作而提出了逻辑诊断决策,建立了实际故障诊断系统,然后在试验平台上对系统故障特征信号进行提取,并处理实测信号所含故障特征量数据用以验证故障决策逻辑流程。

由此可以得出,为了进一步验证第 6 章提出的故障诊断方法的可行性,在实际系统中应采用适当的试验方法,对其部分故障进行实际系统验证诊断,结果证明,以输出电压作为特征信号,傅里叶变换后各次谐波幅值和相位作为诊断特征量的逻辑诊断流程具有可行性。

第 8 章　逆变器的容错控制策略研究

8.1　容错控制技术的研究现状

容错控制(Fault Tolerant Control,FTC)是指当控制系统在传感器、执行器或元件发生故障时,闭环系统仍然能够保持稳定,并且能够满足一定的性能指标,这种系统则称为容错控制系统。容错控制对维持系统的稳定运行具有重要的意义,当某些外部故障对系统稳定运行造成威胁时,容错控制可以通过对系统控制策略的调整来减轻甚至消除故障造成的不良影响。

容错控制的思想起源于 1971 年 Niederlinski 提出的完整性控制的概念,随后经过 Beard、Siljak、Eterno 等人的不懈研究,容错控制逐渐走向成熟。容错控制根据研究方法的不同分为主动容错控制和被动容错控制。

国内容错控制发展至今有 30 余年的历史,从我国 1986 年首次提出"必须加速发展实用性容错控制系统"的研究开始,容错控制逐渐成为一门新兴交叉学科。航空、航天领域和核设施方面的特殊要求是这门学科迅速发展的一个重要的动力来源。作为一门交叉学科,容错控制与鲁棒(Robust)控制、故障诊断、自适应控制、智能控制等息息相关。

根据系统对故障处理的方式,容错控制系统可分为被动容错系统和主动容错系统。在被动容错控制系统中,系统可能发生的故障情况在控制系统设计之初就作为先验知识被考虑进去了,不需要在线获知故障信息,多采用的是鲁棒控制技术。而主动容错控制系统是通过算法设计自适应地在线辨识故障参数,或者利用故障诊断电路获取故障信息,如故障发生的位置和故障的程度等,总之,需要系统的故障信息来重组系统的控制方法。被动容错控制和主动容错控制大多依赖于系统的模型。基于模型的容错控制策略,依然是当前研究的一个热点问题。由于实际系统中存在着众多的未知因素,复杂系统的建模工作极其困难,因此智能控制技术的研究受到了许多研究人员的关注。智能控制不依赖于对象模型的特点使其应用得到了飞速的发展,也进一步引发了基于人工智能的容错控制技术的研究热潮。

8.1.1 被动容错控制

被动容错控制就是在不改变控制器结构和参数的条件下,利用鲁棒控制技术使整个闭环系统对某些确定的故障具有不敏感性,以达到故障后系统在原有的性能指标下继续工作的目的。早期的容错控制设计中大多采用这种控制策略,这是由于鲁棒控制技术擅长于解决系统中的参数摄动问题,如果将系统中的故障归结为系统中的参数摄动问题,就可以采用鲁棒控制技术进行容错控制系统设计。但这种策略的容错能力是有限的,其有效性要依赖于原始无故障时系统的鲁棒性。被动容错控制器的参数一般为常数,不需要获知故障信息,也不需要在线调整控制器的结构和参数。

8.1.2 主动容错控制

主动容错控制在故障发生后需要重新调整控制器的参数,也可能需要改变控制器的结构。大多数主动容错控制需要故障检测与诊断(FDD)子系统,只有少部分不需要 FDD 子系统,但也需要获知各种故障信息。主动容错控制这一概念正是来源于对所发生的故障进行主动处理这个事实。

为了让逆变器供电的电动机驱动系统能在逆变器发生故障后具有持续或不间断运行能力,需要对其拓扑结构或控制策略进行改进,以实现容错重构及容错运行。一般按以下两种思路进行改进。

8.1.2.1 逆变器开关冗余方式

为系统提供备用功率开关器件,正常运行时并不导通,当某相桥臂功率开关器件发生故障时通过外电路的改接让备用功率开关器件投入工作。一般使三相正常工作,一相备用。这种方法最大的优势在于当故障发生后可以通过容错重构保证原有的功率开关器件数目,不影响系统性能,但是它将大大增加系统成本,而且备用功率开关器件在大部分情况下不参与运行,这也造成了一定的浪费。

8.1.2.2 逆变器开关容错方式

在故障发生后首先对故障器件进行隔离,然后利用余下的功率开关器件在部分减容的情况下保持系统不间断运行。这种方法虽然需要对容错后的运行状况进行研究,但是由于其可以节约硬件成本,所以被广泛采纳。考虑到供电系统对运行连续性的要求,所以国内外专家对异步电动机运行系统的容错控制进行了深入的研究。

8.2　变频器三相四开关控制问题研究

变频器中 IGBT 开路故障相比于其他故障发生频率是较高的,为了使得变频器在某一功率开关器件发生故障后不至于造成停止运行而通过容错技术后继续正常工作,这就需要重新配置逆变器结构,使其能满足容错控制的要求。

在变频调速控制电动机运行系统中,当功率模块的逆变部分功率开关器件 IGBT 故障时,变频器的输出电压会发生畸变,探究如何使交流电动机线电压畸变降低以及使对其驱动的辅机正常工作就有十分重要的意义,这可提高变频器可靠性及容错控制能力,使系统在发生故障后不会停机而是继续容错控制运行,从而避免了系统因停机造成的巨大经济损失。

一般在单个断路和短路故障这两种故障情况下,对变频器的控制策略进行调整,从而降低变频器的输出电压,使变频器驱动的辅机尽量正常工作而不需切换工作模式或引起停机,可使变频器在不停机的条件下继续容错控制运行。无论是发生哪种类型的故障,在不采取故障诊断及相应容错控制的前提下,变频器都无法正常运行,只能停机维修或者更换变频器,严重影响设备的正常运行。

变频器中针对 IGBT 开路故障后的容错控制,逆变器结构有两种设计方案。一种是通过设计冗余桥臂实现容错控制,即在变频器中设计四个桥臂,正常时只有三个桥臂在工作,而第四个桥臂处于备用状态。倘若发生 IGBT 开路故障,将故障桥臂隔离接入备用桥臂,从而实现容错控制,此时在 PWM 调制方法上不需要任何改动。另一种方案是不设计冗余桥臂,当变频器发生 IGBT 开路故障后隔离故障桥臂,将直流母线电容接入系统,用母线电容充当第三个桥臂,也可完成容错控制,这两种方案的系统配置如图 8-1 和图 8-2 所示。

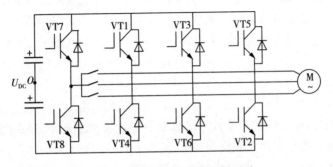

图 8-1　逆变器冗余设计拓扑电路

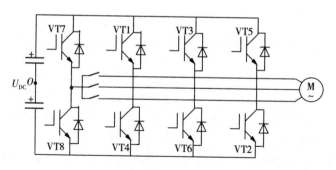

图 8-2　逆变器容错设计拓扑电路

从图 8-1 可知,该拓扑电路势必增加系统的成本,比典型变频器多出两个功率的器件,除此之外,还需要增加系统的体积等。而图 8-2 的拓扑电路是通过继电器将母线电容作为故障桥臂的替代桥臂,从而构成三相四开关形式,这在硬件上只需要增加三个继电器即可完成容错控制,从而对系统的成本不会有太大的影响。

三相四开关容错控制在变频器原有硬件基础上不需要做太多改变,从而可简化系统硬件设计并节省成本。当变频器发生 IGBT 开路故障后,可诊断出系统 IGBT 开路故障,确认逆变器的故障桥臂后,及时将系统进行重配置,从而隔离故障桥臂,并将系统配置为三相四开关容错控制结构,满足系统在不停机的情况下继续容错控制运行的目的。

8.3　逆变器故障容错控制技术

故障诊断及容错控制策略有硬件法和软件法之分,硬件法诊断速度快,能及时隔离故障。但单纯硬件法需要测定逆变器特定点的电位,并结合 PWM 控制来进行故障诊断。显然硬件法会增加系统成本,且逆变器死区时间的存在,使得用硬件诊断故障的方法可靠度降低,在死区调整后,又无法很好地配合故障诊断方法,因此这种方法的通用性较差。故目前的容错技术主要有软件容错型、硬件拓扑与软件相结合容错型两大类。

容错控制算法是使设计的控制系统对发生的故障具有容错能力的一种控制算法,可以更好地提高系统的可靠性。容错控制是传统可靠性控制的延伸,传统可靠性控制的实施是建立在昂贵设备冗余的基础上的,而容错性控制则以器件极限参数为前提,极限参数是指变频器的所有极限参数,而不是某一个参数。容错控制以软件诊断故障类型,充分发挥系统原有硬件资源,尽可能保障系统运行。以往,由于计算速度和信号检测配合不上,这种软保护方案得不到应用,尤其是在交流传动领域,参数间耦合严重,计算工作量很大,检测信号与实际量间误差大,可信度低。现在这种缺陷已得到弥补,交流电动机驱动器由于使用了 DSP 高速运算芯片,检测信号的处理以及保护所需信息的获取已不再是障碍,事实上有些保护所需信息就是计算的中间结果,这是容错控制方案实施的前提。

8.3.1　软件容错策略

当开环 U/f 控制异步电动机驱动系统,由于故障成为单相运行时,负序磁场的存在将产生较大的转矩低频谐波成分,引起速度抖动与机械谐振问题,在不改变硬件拓扑的情况下解决问题,提出从软件控制上采用谐波电压注入法对谐波转矩进行补偿的控制策略:将适当幅值与相位的奇次谐波电压注入电动机绕组输入端,谐波转矩将会被抵消。其原理波形如图 8-3 所示,单相运行时对应于基波电流,电动机产生的转矩可以分解为稳定分量 T_e 与 2 次谐波分量 T_{e2},注入 3 次谐波电压,在电动机中产生 3 次谐波电流,由此产生的转矩将抵消转矩 2 次谐波分量,但同时又会出现转矩 4 次谐波,再注入 5 次谐波电压,转矩 4 次谐波分量被抵消,同时出现转矩 6 次谐波,依次类推。注入 $2k+1$ 次谐波电压抵消 $2k$ 次转矩谐波分量,最终得到较大的平稳转矩。

采用谐波电压注入法对谐波脉动转矩进行补偿的控制方式,在高惯性转矩工业应用场合,进行故障容错控制特别合适。另外由于注入谐波电压会产生谐波电流,电动机相电流大大提高,控制过程要计算调制波形中注入的 3、5、7 次谐波电压的大小,计算较复杂,但其优点是改变软件控制策略的成本低。

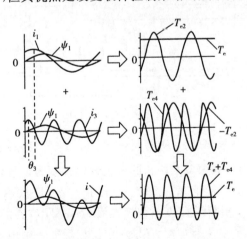

图 8-3　注入 3 次谐波电流抑制 2 次谐波转矩原理波形

8.3.2 硬件拓扑与软件控制相结合

该容错控制策略是鉴于本书前续所归纳的故障状态而提出的。如图 8-4 所示为开关冗余型容错拓扑,该拓扑增加了四个双向晶闸管(TRIAC)及三个快反应熔丝。正常情况下,4 个 TRIAC 均处于断开状态。该拓扑与控制策略相结合,可以对功率开关器件开路(F6)、短路(F7)、某一相开路(F8)等故障进行容错。

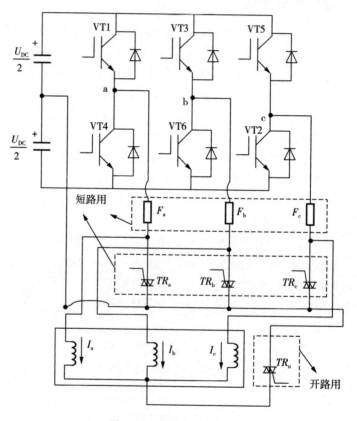

图 8-4　硬件容错拓扑图

当检测到某相开路故障时,TR_n 被触发导通。a 相开路后容错拓扑如图 8-6 所示,控制策略修改为将剩余 b、c 两相的电流幅值控制为正常相电流的 $\sqrt{3}$ 倍,相位与原相位相比分别滞后与超前30°。图 8-5 表示 a 相开路故障前后电流相量,正常三相电流为 I_a、I_b、I_c,a 相断开后,b、c 两相电流为 I_{b1} 和 I_{c1},实际上这相当于在正常三相系统中分别注入了一个与 I_a 大小相等、相位相反的零序电流,这样故障发生前后电动机中的圆形旋转磁势保持不变。考虑到功率开关器件电流应力的限制,发生故障后转矩电流分量只能是正常时的 $1/\sqrt{3}$;电动机中性点电流为 I_{b1} 和 I_{c1} 之和,所以TR_n与直流母线电容中流过的电流均为相电流的$\sqrt{3}$倍。

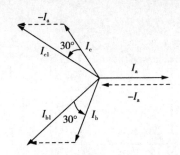

图 8-5　a 相开路故障前后电流相位关系

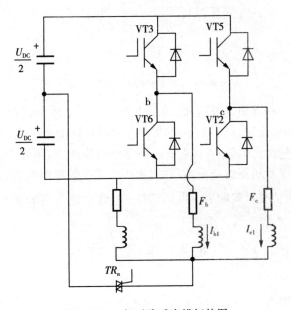

图 8-6　a 相开路后容错拓扑图

当检测到功率开关器件短路故障后,控制器断开故障开关互补开关的驱动信号,以防桥臂直通短路,然后触发$TR_a \sim TR_c$中对应的 TRIAC 导通,这样半侧母线电容、TRIAC、快反应熔丝、短路功率开关形成一个回路,存储在母线电容中的能量熔断快反应熔丝,短路开关从逆变器中隔离。VT1 短路后的容错拓扑如图 8-7所示。

通过$TR_a \sim TR_c$也能保护发生在逆变器桥臂与 TRIAC 端的单相开路故障;当发生某一开关开路故障时,只需将它的互补开关断开,将$TR_a \sim TR_c$中对应的TRIAC 触发导通即可。

在此容错拓扑策略中利用低成本的晶闸管、熔丝即可以有效地对功率开关器

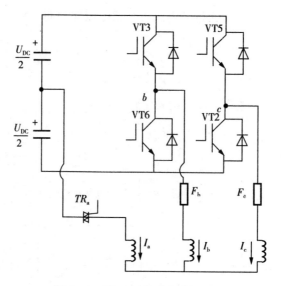

图 8-7　VT1 短路后容错拓扑图

件开路、短路、某一相开路故障容错，十分方便。但该法中母线电容必须分成两部分，有很大的基频电流通过电容，因此电容设计时必须加上一个较大的裕度系数；TR_n 导通而成为两相驱动系统时，需要用到电动机中性点，不带中性点的星形连接或三角形连接的电动机不适合采用，此时由于有很大的零序电流，会使有效的转矩电流分量减小，电动机带载能力下降，同时，TR_n 将承受 $\sqrt{3}$ 倍的额定电流。

8.4　本章小结

一个具有容错功能的电动机变频调速系统要求具有高可靠性和关键的驱动系统。电动机容错驱动系统是变频调速系统故障检测及诊断的发展方向，其代表着故障检测及诊断的最终目的。本章提出了部分故障容错的解决策略，为解决变频调速电动机系统的故障运行提供了一个可供参考的方法。

逆变器故障的容错控制是一个非常有研究意义的课题，由于笔者知识和学术能力有限，书中所提出的内容并不完善，并存在着许多不足，在今后的学习中，随着知识的不断积累，可对变频器的容错控制有更深入的研究。

参考文献

[1] Xu D W, Lu H W, Huang L P, et al. Power loss and junction temperature analysis of power semiconductor devices[J]. IEEE Transations on Industry Applications,2002,38(5): 1426 – 1431.

[2] Bose B K. Power electronics and motion control-technology status and recent trends [J]. IEEE Transactions on Industry Applications, 1993, 29 (5): 902 –909.

[3] Sheng K, Finney S J, Williams B W. A new analytical IGBT model with improved electrical characteristics [J]. IEEE Transactions on Power Electronics, 1999, 14:98 – 107.

[4] Hefner A R. A dynamic electro-thermal model for the IGBT[J]. IEEE Transactions on Industry Applications,1994,30(2): 394 – 405.

[5] Pan Z G, Jiang X J, Lu H W, et al. Junction temperature analysis of IGBT devices[C]. Power Electronics and Motion Control Conference, 2000, 3: 1068 – 1073.

[6] Cavalcanti M C,Da Silva E R, Jacobina C B, et al. Comparative evaluation of losses in soft and hard-switched inverters[C]. IAS'03, 2000, 3: 1912 –1917.

[7] Azuma S, Kimata M, Seto M, et al. Research on the power loss and junction temperature of power semi – conductor devices for inverter[C]. IVEC'99, 1999,1:183 – 187.

[8] Witcher J B. Methodology for switching characterization of power devices and modules [D] .Blacksburg: Virginia Polytechnic Institute and State University, 2002.

[9] Kwak S,Park J C. Predictive control method with future zero-sequence voltage to reduce switching losses in three-phase voltage source inverters [J]. IEEE Transactions on Power Electronics,2015,30(3):1558 – 1566.

[10] Kwak S, Park J C. Switching strategy based on model predictive control of

VSI to obtain high efficiency and balanced loss distribution [J]. IEEE Transactions on Power Electronics,2014,29(9):4551 – 4567.

[11] Zhou Y F, Huang W X, Hong F, et al. Modelling analysis and power loss of coupled-inductor single-stage boost inverter based grid-connected photovoltaic power system [J]. IET Power Electronics, 2016, 9 (8): 1664 –1674.

[12] Gurpinar E, Castellazzi A. Single-phase T-Type inverter performance benchmark using Si IGBTs, SiC MOSFETs, and GaN HEMTs[J]. IEEE Trans on Power Electronics, 2016,31(10):7148 – 7160.

[13] Matsumori H,Shimizu T,Takano K,et al. Evaluation of iron loss of AC filter inductor used in three-phase PWM inverters based on an iron loss analyzer[J]. IEEE Trans on Power Electronics,2016,31(4):3080 – 3095.

[14] Tu Q R, Xu Z. Power losses evaluation for modular multilevel converter with junction temperature feedback[C]. Power and Energy Society General Meeting. IEEE, 2011:1 – 7.

[15] Rohner S, Bernet S, Hiler M, et al. Modulation, losses, and semiconductor requirements of modular multilevel converters[J]. IEEE Transactions on Industry Electronics, 2010,57(8): 2633 – 2642.

[16] Modeer T, Nee H, Norrga S. Loss comparison of different sub – module implementations for modular multilevel converters in HVDC applications [C]. Proceedings of the 2011 – 14th European Conference on Power Electronics and Applications,2011: 1 – 7.

[17] Yang L, Zhao C, Yang X. Loss calculation method of modular multilevel HVDC converters[C]. 2011 IEEE Electrical Power and Energy Conference, 2011: 1 – 5.

[18] Bahman A S, Ma K, Blaabjerg F. A lumped thermal model including thermal coupling and thermal boundary conditions for high-power IGBT modules[J]. IEEE Transactions on Power Electronics, 2018, 33 (3): 2518 –2530.

[19] 夏兴国,陈乐柱,宁平华. 开关损耗的影响因素分析与仿真[J]. 常州工学院学报,2015, 28(5): 23 – 27.

[20] 夏兴国. 电力电子器件损耗的测试与计算研究[J]. 齐齐哈尔大学学报(自然科学版),2016, 32(1): 1 – 5.

[21] 胡建辉,李锦庚,邹继斌,等. 变频器中的 IGBT 模块损耗计算及散热系统设

计[J]. 电工技术学报,2009,24(3):159-163.

[22] 熊妍,沈燕群,江剑,等. IGBT 损耗计算和损耗模型研究[J]. 电源技术应用,2006,9(5):55-60.

[23] 陈娜,何湘宁,邓焰,等. IGBT 开关特性离线测试系统[J]. 中国电机工程学报,2010,30(12):50-55.

[24] 吴锐,温家良,于坤山,等. 不同调制策略下两电平电压源换流器损耗分析[J]. 电网技术,2012,36(10):93-98.

[25] 洪峰,单任仲,王慧贞,等. 一种逆变器损耗分析与计算的新方法[J]. 中国电机工程学报,2008,28(15):72-77.

[26] 曹永娟,李强,林明耀. 基于 PSPICE 仿真的 IGBT 功耗计算[J]. 微电机,2004,37(6):40-41,57.

[27] 何湘宁,吴岩松,罗皓泽,等. 基于 IGBT 离线测试平台的功率逆变器损耗准在线建模方法[J]. 电工技术学报,2014,29(6):1-6.

[28] 李明. IGBT 特性曲线解读[J]. 电焊机,2000,(11):21-25.

[29] 陈坚,康勇. 电力电子学-电力电子变换和控制技术[M]. 3版. 北京:高等教育出版社,2002.

[30] Bose B K. 现代电力电子学与交流传动[M]. 北京:清华大学出版社,2013.

[31] 徐德鸿. 现代电力电子器件原理与应用技术[M]. 北京:机械工业出版社,2009.

[32] 徐德鸿. 电力电子系统建模及控制[M]. 北京:机械工业出版社,2013.

[33] 曾光奇,胡均安. 工程测试技术基础[M]. 武汉:华中科技大学出版社,2002.

[34] 潘小波,夏兴国,宁平华. 一种基于单片机和 DSP 的 DC-DC 转换器研究实验平台:CN204228860U[P]. 2015-03-25.

[35] 王兆安,刘进军. 电力电子技术[M]. 5版. 北京:机械工业出版社,2013.

[36] An Q T, Sun L Z, Zhao K, et al. Switching function model based fast-diagnostic method of open-switch faults in inverters without sensors [J]. IEEE Transactions on Power Electronics, 2011, 26(1):119-126.

[37] Wang T Z, Xu H, Han J G. Cascaded H-bridge multilevel inverter system fault diagnosis using a PCA and multiclass relevance vector machine approach[J]. IEEE Transactions on Power Electronics, 2015, 30(12):7006-7018.

[38] Muyeen S M, Tamura J, Murata T. Stability augmentation of grid-connected wind farm [M]. London:Springer-Verlag,2008.

[39] Sun T, Chen Z, Blaabjerg F. Transient stability of DFIG wind turbines at

an external short-circuit fault[J]. Wind Energy，2005,8(3):345-360.

[40] Zeng Z, Zheng W, Zhao R, et al. The comprehensive design and optimization of the post-fault grid connected three-phase PWM rectifier[J]. IEEE Transactions on Industrial Electronics, 2016, 63(3):1629-1642.

[41] Abadi M B, Mendes A M S, Cruz S M A. Method to diagnose open-circuit faults in active power switches and clamp-diodes of three-level neutral-point clamped inverters[J]. IET Electric Power Applications，2016，10(7): 623-632.

[42] Cheng S, Chen Y T, Yu T T, et al. A novel diagnostic technique for open-circuited faults of inverters based on output line-to-line voltage model[J]. IEEE Transactions on Industrial Electronics，2016,63(7): 4412-4421.

[43] Fu L, Yang Q, Wang G, et al. Fault diagnosis of power electronic device based on wavelet and neural network[C]. Control and Decision Conference. IEEE, 2016: 2946-2950.

[44] 康利平. 光伏三电平逆变器的故障建模及其诊断方法研究[D]. 南昌:南昌大学,2015.

[45] 宋平岗,章伟,陈欢,等. 基于数学形态谱的逆变器功率管开路故障诊断[J]. 电源学报,2018,16(5):159-166.

[46] 殷方元. 电动机变频调速系统故障检测探讨[J]. 科技与创新,2017(18):49-50.

[47] 安群涛,孙力,孙立志,等. 三相逆变器开关管故障诊断方法研究进展[J]. 电工技术学报,2011,26(4):135-144.

[48] 李婧,王娜. 基于灰色神经网络的变频调速系统故障诊断的研究[J]. 科技信息,2012(3):149,151.

[49] 孟庆学,王云亮. 基于MATLAB GUIDE的逆变装置故障诊断软件系统设计[J]. 天津理工大学学报(自然科学版),2009,25(3): 48-51.

[50] 沈艳霞,苗贝贝. 三电平逆变器的开关管开路故障诊断策略[J]. 系统仿真学报,2018,30(8):3058-3065.

[51] 王亚飞,葛兴来. 基于电压残差的逆变器实时开路故障诊断[J]. 电源学报,2015,13(2):45-51.

[52] 武起立. 烟大铁路轮渡变频电力推进系统的研究[D]. 大连:大连海事大学,2008.

[53] 乔维德. 电动机驱动系统PWM逆变器故障诊断[J]. 盐城工学院学报(自然科学版),2018,31(2):19-25.

［54］ 姚伟. 光伏三电平逆变器故障诊断方法研究［D］. 成都:西华大学,2018.

［55］ 陈丹江,叶银忠. 基于多神经网络的三电平逆变器器件开路故障诊断方法［J］. 电工技术学报,2013,28(6):120－126.

［56］ 杨忠林,吴正国,李辉. 基于直流侧电流检测的逆变器开路故障诊断方法［J］. 中国电机工程学报,2008,28(27):18－22.

［57］ 闵月梅,王宏华,韩伟. 基于信息融合的光伏并网逆变器故障诊断［J］. 电测与仪表,2014,51(1):17－21.

［58］ 韩素敏,杜永恒,曹斌. 基于BP神经网络的逆变器开路故障诊断方法［J］. 河南理工大学学报(自然科学版),2018,37(5):122－127.

［59］ 陈如清,李强. 一种基于频谱分析的可控整流电路故障诊断方法［J］. 电机与控制学报,2005,9(1):80－85.

［60］ 韩丽,罗朋,于婷,等. 级联SVG逆变器的IGBT开路故障诊断研究［J］. 电测与仪表,2014,51(22):35－39.

［61］ 杨晓光,许仪勋. 双馈风力发电动机故障诊断方法研究［J］. 电测与仪表,2018,55(2):52－58.

［62］ 刘卓,王天真,汤天浩,等. 一种多电平逆变器故障诊断与容错控制策略［J］. 山东大学学报(工学版),2017,47(5):229－237.

［63］ 杨巧玲,张海平. 逆变器故障诊断研究［J］. 电气自动化,2012,34(2):48－50.

［64］ 夏兴国,缸明义,宁平华. 变频调速系统故障诊断对象模型的研究［J］. 齐齐哈尔大学学报(自然科学版),2019,35(4):22－24.